基于 AFM 的纳米物体
建模与操作方法

袁帅　侯静　张凤　著

中国矿业大学出版社
·徐州·

图书在版编目(C I P)数据

基于 AFM 的纳米物体建模与操作方法/袁帅,侯静,张凤著. —徐州:中国矿业大学出版社,2020.10

ISBN 978 - 7 - 5646 - 4136 - 8

Ⅰ. ①基… Ⅱ. ①袁… ②侯… ③张… Ⅲ. ①纳米材料-建模系统 Ⅳ. ①TB383

中国版本图书馆 CIP 数据核字(2020)第 202706 号

书　　名	基于 AFM 的纳米物体建模与操作方法
著　　者	袁　帅　侯　静　张　凤
责任编辑	仓小金
出版发行	中国矿业大学出版社有限责任公司
	(江苏省徐州市解放南路　邮编 221008)
营销热线	(0516)83884103　83885105
出版服务	(0516)83995789　83884920
网　　址	http://www.cumtp.com　E-mail:cumtpvip@cumtp.com
印　　刷	徐州中矿大印发科技有限公司
开　　本	787 mm×960 mm　1/16　**印张** 9　**字数** 171 千字
版次印次	2020 年 10 月第 1 版　2020 年 10 月第 1 次印刷
定　　价	35.00 元

(图书出现印装质量问题,本社负责调换)

前　　言

　　纳米尺度上的观测与操作是开展纳米科学研究、纳米尺度事物的新特性发现和器件加工制造的关键技术手段。原子力显微镜（atomic force microscopy，AFM）具有极高的观测分辨率和良好的操作可控性，不仅可以对物体表面进行纳米尺度的扫描观测，还可以对微纳米物体进行微小力操作，作为推进纳米科技发展的重要工具已得到广泛研究和应用。但在 AFM 纳米操作中，由于系统存在的迟滞、蠕变以及温漂等不确定因素，使纳米物体与 AFM 探针均存在位置误差，这是影响纳米操作的因素之一。此外，AFM 探针只能对被操作物体施加点接触力，导致操作过程中经常出现探针与物体脱离的现象。因此现有的纳米操作系统无法实现纳米物体高精度、固定姿态、高稳定性的纳米操作。本书是在对国内外相关研究现状深入研究的基础上，创新性地提出了一种不确定环境下纳米操作的方法，主要研究内容如下：

　　建立了基于 AFM 推动的纳米物体运动学模型。首先对纳米环境下的被操作物体进行受力分析和运动学描述，然后提出了纳米粒子与纳米棒体的运动学模型，并根据实验手段对模型中的相关参数进行了标定，在此基础上对所建模型进行了数值模拟及仿真实验分析，验证了所建立的运动学模型能够有效预测操作后纳米物体的位置。

　　为了进一步提高纳米粒子运动模型的精度，提出了基于最小作用量的纳米粒子运动学模型。首先证明了在最小推动力作用下纳米粒子旋转中心的位置分布规律，并在此基础上进行力与力矩的分析，建立纳米粒子的运动学模型。采用龙格库塔-蒙特卡洛方法对模型进行了算法分析，并进行了模型中相关参数的标定以及模型的仿真研究，验证了模型的有效性。

　　针对纳米操作环境中存在的系统温漂不确定性因素以及探针形貌不确定性和探针定位不确定性分别进行了分析与研究。采用局部扫描的方式构建实时反馈操作系统对温漂不确定性进行补偿,通过数学形态学的方法进行探针形貌的估算及 AFM 图像的重构来降低探针形貌不确定性的影响,最后通过路标观测的方法进行探针定位的估算,提高探针定位的精度。

　　针对 AFM 单探针执行器无法实现稳定操作的缺点,提出了虚拟纳米手操作策略,即通过多点规划操作模拟多探针同时操作结果。考虑到探针定位与纳米粒子位置的不确定性误差分布特性,采用蒙特卡洛概率描述和预测方法对操作后的纳米物体位置进行概率预报,根据预报结果规划纳米手的结构参数,仿真结果表明虚拟纳米手操作策略能够实现稳定的纳米操作。最后分析了纳米手的结构参数性能与优化方法。

　　构建了具有实时反馈功能的纳米操作系统平台,该系统集成了本研究的相关内容,并在该系统上进行了探针定位不确定性、探针形貌不确定性及系统温漂不确定性的实验研究,进行了不确定条件下虚拟纳米手操作的仿真与实验,验证了所建模型及操作方法的有效性,相关实验结果表明了该方法能够极大地提升纳米操作的效率。

　　本书由袁帅、侯静、张凤等编写。第 1 章由侯静、初天舒完成,第 2、3 章由袁帅、侯静完成,第 4 章由张凤、刘涛完成,第 5 章由刘涛、刘力恺完成,第 6 章由侯静完成。袁帅、侯静对全书进行了统稿。

　　本书的研究工作得到了国家自然科学基金(项目批准号: 61305125)、辽宁省自然科学基金计划重点项目(项目批准号: 20180520037)以及辽宁省高等学校基本科研项目(青年项目)(项目批准号:LJZ2017046)的资助,在此一并感谢。

袁帅

2019 年 7 月于沈阳

目　　录

第 1 章　AFM 操作研究现状与存在的问题

1.1　纳米技术及 AFM 的应用

纳米技术(nanotechnology)是在原子或分子量级上对物质的性质与物质间的相互作用进行研究,并利用该特性制备纳米材料,加工纳米器件和进行纳米尺度的检测与表征[1]。纳米技术是现代科技在 0.1 nm～100 nm 尺度上的延伸,它以许多现代先进科学技术为基础,但它也改变了物理、化学、材料及生物学等基础学科的研究方向,是工业制造、生物工程、信息工程等方向的新技术。纳米技术引出了一系列新的科学技术,如纳米物理学、纳米生物学、纳米电子学及纳米加工技术等,这些技术在材料和制备、微电子和计算机技术、医学与健康、环境和能源、生物技术等方面得到了广泛的应用。纳米技术不仅大大改变了人们的生活,并逐渐从研究阶段转为生产市场阶段,一些国家制定了相关的战略或计划。日本设立了纳米材料研究中心,将纳米技术列入新 5 年科技基本计划的研发重点;德国建立了纳米技术研究网;美国将纳米技术视为下一次工业革命的核心;中国也将纳米科技列为"973"计划进行大力发展并对相关产业进行扶持[2]。

纳米操作技术是探索研究纳米材料、纳米结构、纳米器件特性的前提,是纳米加工、纳米组装的主要技术手段,因此,科学家们发展了以下 5 种纳米操作技术,即最初的基于自组装(self-assembly)的纳米操作[3-5];基于光镊(optical tweezer)的纳米操作[6-9];基于介电泳(dielectrophoresis,DEP)的纳米操作[10-13];基于扫描电子显微镜(scanning electron microscope,SEM)的纳米操作[14-16];基于原子力显微镜(atomic force microscope,AFM)的纳米操作[17-21]。这 5 种纳米操作技术具有各自的特点,自组装技术是基本结构单元自发形成有序结构的技术,无法进行单独操作。光镊利用光的力学效应进行纳米操作,但其分辨率低且不能进行单个纳米物体的直接操作。介电泳是利用电场效应进行纳米操作,它无法实现纳米物体的定量、定点操作。SEM 利用电子束与样品的相互作用实现操作,但其通常要求在真空环境下工作,因而对于某些活性生物样本无法进行观察和操作,并且高能电子束还容易导致生物样本的破坏。AFM 利用原子间的作用力进行纳米操作,它能够在大气和液体环境下对非导电和导电样本进行操作,具有广泛的适用性,并克服了前述操作方法在纳电子器件装配中存在的可控性弱、重复性差、操作分辨率低等问题,成为当前纳米科学研究的基本工具。基于 AFM 的纳米观测与操控已经应用于通信、材料、微制造、生物、医学与电子等领域。

AFM 在生命科学领域的应用:AFM 实现了生物细胞的表面形态观测,如有机物小分子的成像[22],单细胞分析[23],细胞原位成像[24]等;实现了生物分子之间力谱曲线的观测,如细胞表面分子力检测[25],细胞原位的机械特性表征[26];实现了生物大分子结构性质的研究,如蛋白分子的追踪[27],正常细胞和癌细胞的分辨[28-31],癌症的诊断[32,33]等。

AFM 在信息与通讯领域中的应用:AFM 能够测量不同性质纳米材料的线宽[34,35],进行量子点结构的研究[36-38],进行纳米器件的装配如金纳米颗粒阵列[39],制造纳米电子器件的掩膜和互连器[40],进行 DNA 组装[41,42],对存储器材料的电介质导电率进行研究[43]等。

AFM 在环境、能源技术领域也得到广泛应用,通过 AFM 可以对太阳能电池的构成材料[44]和光伏特性进行研究[45-47],对太阳能电池的三元溶剂效应进行探讨[48],这对优化有机光伏材料结构,提高有机电池性能有重要的意义。

AFM 在材料与基础学科领域的应用:AFM 可对石墨烯薄膜进行厚度测量[49]并进行原子分辨力的定量成像[50],对各种材料的薄膜进行表征[51-55],进行聚合物的力学性能[56]和电介质结晶性能[57]的分析。利用 AFM 还能够同时测量纳米结构的弹性和摩擦特性[58]。

AFM 的观测及操作能力使其广泛应用于半导体、纳米功能材料、生物、物理、化学、医药研究等各种纳米相关学科的研究领域。

1.2　AFM 技术概述

原子力显微镜是 1986 年由 G. Binning 在扫描隧道显微镜(scanning tunneling microscope,STM)的基础上发明的一种在纳米尺度下进行表面观测与操作的仪器。AFM 的出现为纳米科技的发展起到了推动作用,与常规显微镜相比,它能够在大气条件下不需要进行制样处理就可以以高倍率观察样品表面,对样本参数进行测量和操作。AFM 主要利用探针与样本之间的原子作用力进行工作,当两者之间的原子间距减小到一定程度后,原子间的作用力将迅速上升,则通过记录探针受力的大小就可以获取样本的形貌信息。

图 1-1 是基于 AFM 纳米观测与操作的示意图。AFM 操作系统由力检测

部分、位置检测部分和反馈部分组成。AFM 进行纳米操作是根据 AFM 探针针尖与样品之间作用力的关系使 AFM 的悬臂梁发生形变进而对样品进行测量及操作。AFM 的悬臂梁上装有终端执行器——AFM 探针,悬臂梁受到压电陶瓷驱动器(PZT)的控制,实现在空间坐标系中的运动。在扫描或操作前,调节四象限光电检测器上的光斑,使其位于原点,当探针与样本表面间的作用力发生变化的时候,造成光斑位置的偏移而改变输出电信号的强度,从而实现纳米扫描或操作。AFM 有三种工作模式,即接触模式、非接触模式和轻敲模式。

AFM 接触模式下操作时探针的针尖与扫描样品表面一直处于接触状态,并在样品表面有轻微的移动。接触模式下的纳米操作是根据探针针尖与样品间的存在原子级的排斥力进行稳定的图像扫描。探针与样品接触的情况下扫描样品形貌可以得到分辨率非常高的扫描形貌图像。但是由于在接触条件下,很容易导致样品发生形变,最终的扫描图像不能准确反映真实样品形貌。而且针尖在操作样品时由于是接触状态很容易对探针针尖造成磨损,针尖形貌发生变化会反映到扫描的图像上使图像产生偏差。若是对类似生物细胞的样品进行操作时接触模式容易使生物细胞损伤。但不可否认在非特殊样本的情况下,接触模式操作纳米颗粒会更稳定,图像的分辨率也会更高。

AFM 非接触模式下操作时需要控制探针针尖与样品表面的距离,保持在样品表面高度 5～20 nm,操作中始终不能让探针针尖与纳米颗粒有接触发生,根据悬臂梁的振幅和共振频率来掌握 AFM 探针与样品之间的距离维持着非接触的状态。在非接触状态下对纳米材料进行扫描操作时就不会对像生物细胞这样的材料产生破坏,由于没有接触也就不会污染到样品,保持了样品本身形貌及其特性,而探针针尖也不会因为长时间的接触操作造成损耗。这时在非接触情况下的操作存在与探针针尖与样品间的力就不是原子间的排斥力了,而是由于距离相对变远使两者之间产生了范德华吸引力。但是因为范德华引力要远小于接触模式下针尖与样品间的排斥力,但是提高了 AFM 的灵敏度。非接触模式虽然不会产生接触模式下的一些弊端,但是用这种模式扫描样品形貌时得到的样品表面形貌图像的分辨率就会变低,而且在微纳米环境下操作 AFM 的探针针尖很容易受基底环境和水膜厚度所影响,使操作控制不稳定,同样会导致扫描后的样品形貌失真甚至破坏样品,由于本身扫描的分辨率也比接触模式下的分辨率低,所以这种模式的操作在实际应用上比较困难,目前已经很少使用非接触模式进行工作。

AFM 轻敲模式下操作时不依靠探针针尖与样品之间的相互作用力来反馈样品形貌,而是利用压电陶瓷片驱动悬臂梁共振,根据样品与探针之间的距离控制悬臂梁的震动幅度,以及扫描器的移动状态来得到扫描样品的形貌图像。轻敲模式下,由于悬臂梁的震动状态使探针针尖与样品之间的接触时间非常短暂,并完全不会受到探针针尖与样品之间产生的黏附力的影响。这种模式下进行纳米操作时就不会产生在接触模式的弊端,不会对样品本身产生破坏,也同样由于接触时间非常短暂不会污染样品。在非接触模式下探针针尖受到环境的影响,在轻敲模式下由于有足够的振幅可以克服由基底环境等因素对操作的影响。轻敲模式是现在以 AFM 为工具做纳米级研究中最常用的一种模式,其可以适用于真空、大气、液体等不同环境的要求,且因为稳定的垂直反馈系统可以对样品反复测量与操作。所以在生命科学等微纳领域的研究有广阔的前景。

接触模式下探针与样本表面接触,此时两者之间的作用力主要为斥力,易得到原子分辨率,但可能会损伤样本;非接触模式时探针与样本的距离较远,两者的作用力为吸引力,该模式不损坏样本但分辨率不高;轻敲模式是将探针与样本距离拉近但不接触,该模式分辨率介于接触模式和非接触模式之间,且不受横向力的干扰,是常见的 AFM 工作方式。当 AFM 探针逐渐逼近样本并与之接触后,就可以在样本表面施加作用力,从而实现推、拉、刻、划等纳米操作。

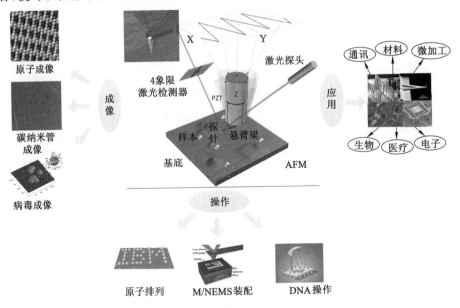

图 1-1　基于 AFM 纳米观测与操作示意图

AFM 最初是作为纳米观测工具使用的,早期开展的 AFM 操作研究普遍缺乏操作状态的实时传感信息反馈以及在线/实时的控制方法,只能进行推、拉、刻、划等单步的纳米操作动作,且操作结果只能通过重新成像查看,因此用 AFM

进行纳米操作是一件非常耗时耗力的工作[59]。

1.3　AFM 纳米操作研究现状

1.3.1　AFM 纳米操作方法的发展阶段

　　为了使 AFM 适合于纳米操作并具有较高的操作精度与操作效率,众多研究者针对 AFM 纳米操作无有效传感器、不能在线跟踪纳米操作过程等问题进行了研究,将机器人相关技术引入纳米操作中,对 AFM 操作系统进行了改进,其发展过程可以分为三个阶段。

　　第一阶段是基于静态图像的离线式纳米操作。

　　该阶段主要以美国南加州大学、日本东京大学的研究组为代表,通过引入机器人学的交互控制思想,在静态 AFM 图像的基础上通过引入视觉反馈装置或者力反馈操作手柄实现操作过程中实时力信息的反馈。Requicha 通过对 AFM 系统的二次开发,以点击鼠标的方式在一幅静态 AFM 图像上设定探针运动轨迹且操作过程中实时获取悬臂梁的变形信息实现纳米操作[60-63]。Sitti 研究组[64-66]不仅引入虚拟现实技术还通过一个自由度的力反馈装置实现对探针 Z 方向上所受纳米操作力的反馈,此外还研究了力反馈的遥控操作控制。Guthold 研究组[67]将力反馈装置升级为三个自由度且引入具有三维效果的视觉反馈,使操作者能够在二维空间上感受力。基于静态图像的离线式纳米操作控制流程如图 1-2 所示。

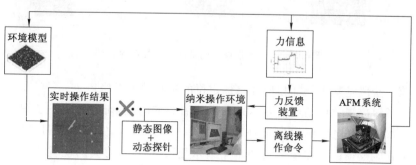

图 1-2　基于静态图像的离线式纳米操作控制流程图

　　动态探针与静态图像的结合使其具备了虚拟的纳米操作环境,而力反馈装置使操作人员能够感受到操作过程中作用力的变化从而获取操作的力信息。该系统虽然能够模拟纳米操作过程的图像和力信息,但仍然仅能对 AFM 系统施加离线操作的命令,且虚拟的操作界面信息并不能反映真实的操作过程,故还需要通过不断的扫描成像来检验操作结果,其操作效率与操作精度仍不能满足纳米操作的要求。

第二阶段是基于增强现实的纳米操作。

该阶段主要以美国密歇根州立大学和中科院沈阳自动化研究所纳米研究组为代表,通过对被操作纳米物体进行运动学建模,结合 AFM 纳米操作过程中获取的力信息,引入增强现实技术实现视觉反馈界面。该视觉反馈界面是基于运动学模型对纳米操作结果的图形仿真,能够在一定程度上模拟纳米操作的实际情况[68-73]。

基于增强现实的纳米操作控制流程如图 1-3 所示。该系统将环境模型、物体运动学模型、力信息综合构建增强现实环境,但实际上由于纳米环境下不确定性因素(PZT 非线性、系统温漂等)的存在使构建的环境与实时操作结果并不能完全匹配,故视觉反馈可信度不高。

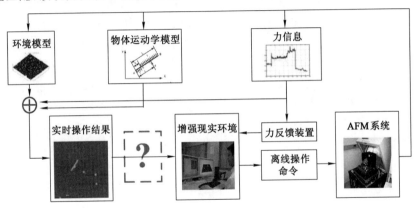

图 1-3　基于增强现实的纳米操作控制流程图

第三阶段是基于局部扫描和路标定位的实时纳米操作。

为了解决视觉反馈可信度不高和系统温漂的问题,研究者开发了视觉实时反馈和探针在任务空间中的实时反馈[74]纳米操作系统。该系统利用基于局部扫描的视觉反馈误差在线修正和基于卡尔曼(Kalman)滤波的视觉反馈误差实时诊断进行视觉的实时反馈。局部扫描方式可以快速对被操作物体进行定位,避免扫描全部操作区域,提高时效性;Kalman 诊断器实时诊断视觉反馈误差提高视觉反馈的精度,提高增强现实环境与实时视觉反馈的匹配度,从而实现在增强现实环境中对主动探针控制器发出操作命令执行纳米操作。系统温漂产生的不确定性是通过设置路标的方式,在操作过程中对路标的不断观测,实现对探针的精确定位。

基于局部扫描和路标定位的实时纳米操作控制流程如图 1-4 所示。该阶段纳米操作存在的问题是基于路标的定位存在不确定性,纳米操作仅能实时反馈操作结果。通过路标的设置能够在一定程度上解决探针定位问题,但路标本身仍具备不确定性。此外,在探针只能对被操作物体施加点作用力的情况下,探针与纳米物体之间位置相对误差的存在使稳定、高精度的纳米操作无法实现。

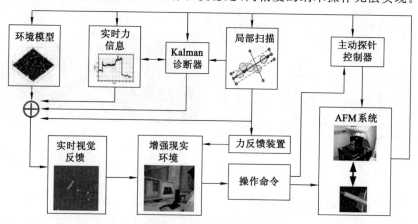

图 1-4　基于局部扫描和路标定位的实时纳米操作控制流程图

1.3.2　AFM 纳米操作方法的研究现状

尽管纳米操作系统较最初有了较大发展,但现有的 AFM 操作系统还存在着诸如驱动器的迟滞蠕变特性,单探针执行器的点接触,无有效传感器实现实时定位与监测,系统温漂无法避免,纳米环境受力情况有异于宏观环境等问题,限制了纳米操作的精度与效率。研究者们针对这些问题开展了大量的研究工作。

针对 AFM 仅有一个探针执行器,纳米操作与成像不能同时进行的问题,德国 Oldenburg 大学 Fatikow 教授研究组[75-79]将 AFM 与 SEMFIB 相结合,利用双束系统实现对小尺寸粒子的识别[80],该系统能够在操作过程中反馈视觉信息,实现了用石墨烯和碳纳米管等材料装配电子器件的精细操作[75]。另外,他们还利用开发的纳米机器人系统在 AFM 探针的针尖上黏结碳纳米管,使之针尖效应得以进一步缩小[77]。哈尔滨工业大学纳米研究组[81]设计了基于视觉的探针操作控制系统,该系统利用 SEM 的高分辨率,监测探针与被操作物体的作用情况,在一定程度上保证了探针与物体的位置精度,降低了探针定位不确定性带来的问题,实现了可视化条件下的稳定纳米操作。但由于 SEM 对工作环境条件要求较为苛刻,故在一定程度上限制了该系统的应用。如图 1-5 所示,谢晖等[82,83]设计了一套双探针原子力显微镜系统,该系统具有 2 个能够并行操作的

AFM 探针,并以双探针系统进行了纳米颗粒的夹持操作,取得了一定的操作效果,但现有的大部分商用 AFM 系统不支持双探针技术。方勇纯等[84-87]利用 RTLinux 系统对纳米操作平台进行了开发,使其具备一定的开放性,能够实现纳米操作的实时控制,并利用该平台进行了纳米刻、划等操作,验证了实时性。

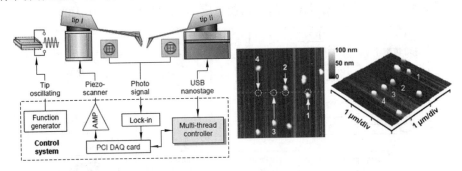

图 1-5　双探针原子力显微镜系统及实验结果

　　AFM 探针对被操作物体施加点作用力实现推、拉等纳米操作,但由于纳米物体的位置和探针在任务空间的位置都存在不确定性,且纳米操作系统无法实时跟踪操作过程,因而通过建模方式对操作过程中纳米物体的位置进行预测是成功操作的前提[88]。为了实时获取操作中纳米物体的位置,一些研究者对纳米物体进行了受力分析并进行了建模研究。Sitti 等是较早对纳米颗粒操作的模型和技术进行深入研究的团队之一[89-91],如图 1-6 所示,研究者在对纳米操作中悬臂梁的扭曲情况进行受力情况分析后,建立了沿 Y 轴方向接触推动机制下的等效模型,从等效的模型可以看出,所建立的模型参数较多且均需要进行标定,模型复杂程度较高不易求解。此外,Sitti 认为纳米粒子、基底、探针三者之间的

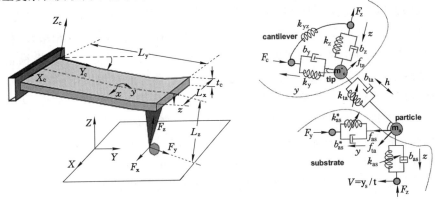

图 1-6　纳米操作中悬臂梁扭曲与 Y 轴方向接触推动机制的等效模型

作用力包括范德华力、毛细力、黏滞力及摩擦力等,实际上这些力难以在实验中进行相应的标定。Falvo 等分析理解了物体在接触状态下的运动关系,首次根据实验数据在推动纳米棒过程中分析滑动与滚动现象[92]。Ritter 等利用扫描力显微镜操作乳胶球形颗粒,发现颗粒半径与驱动电压之间的关系,通过选择不同的电压值可以很容易地在扫描图像,推动纳米颗粒,标记纳米颗粒和切割纳米颗粒之间转换[93]。Landolsi 等分析了纳米摩擦力和黏滞力提出了对应的 Bristle 和 LuGre 模型,该模型在一定程度上解释了纳米环境下出现的黏滑现象,对操作控制具有一定的指导作用[94,95]。Korayem 等[96-100]应用接触力学的理论对球形生物纳米粒子进行了三维建模、仿真与操作研究,并针对不同的生物环境、不同形状的悬臂以及不同粗糙度的纳米粒子对模型中 AFM 推动的临界力进行了讨论。Zakeri 等[101]通过假设多点接触模型,在粗糙基底上研究纳米颗粒的操作。Saraee 等[102]根据改进的黏附力模型对粗糙表面的三维操作进行了动态建模与仿真。另外还有其他方法对纳米物体进行了建模,但主要集中在力的动态分析与建模上[103,104],缺乏一种有效的、能够标定模型参数的纳米物体运动学模型。

　　由于操作模型的参数难于标定,研究者们开发了不同的纳米操作方式用以实现稳定的纳米操作和提高操作效率。Suenne Kim 等[105,106]通过建立虚拟视觉反馈的方式构建了新的纳米操作系统,并对 AFM 探针的操作路径进行规划实现稳定操作。Hoshiar 等[107,108]利用协同进化遗传算法对探针路径进行规划实现纳米组装。Denizel Onal 等考虑了探针磨损以及纳米颗粒滑动现象的情况,利用 AFM 系统实现了一个自动化的 2-D 纳米颗粒操作过程,其中的颗粒中心检测算法和接触丢失检测算法在一定程度上克服了基于 AFM 纳米操作速度和稳定性的问题[109]。Zhao 等采用连续定向推动的方式进行自动化操作将纳米粒子组成设定的图形结构[110]。Xu 等[111]提出了连续并行推动操作方式(sequential parallel pushing,SPP),如图 1-7 所示,与传统的面向对象操作方式(target oriented pushing,TOP)即推动纳米粒子中心位置向目标位置运动有所不同,SPP 推动方式在推动过程中对同一扫描方向进行多次并行的重复扫描,并监测 AFM 悬臂梁振幅的变化情况。当发现探针与粒子失去接触的时候,沿着垂直于推动方向的方向进行图像扫描确定粒子的位置,然后进行位置更新操作。虽然该策略减小了局部扫描的次数,但还只是对传统对心操作策略的简单多次重复,效率较低。文献[112]提出了两种基于并行推送方法的新型操作策略进行了银纳米线在平面上的操作,采用旋转策略进行了四根银纳米线的矩形组装。

　　上述研究均可以在一定程度上解决纳米操作存在的一些问题,然而在实际

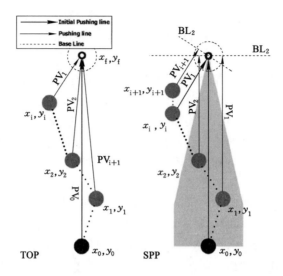

图 1-7　连续并行推动纳米操作方式

的纳米操作环境中,存在诸多不可消除的不确定性因素,这些因素使探针的位置和被操作物体的位置都存在一个分布范围,因此基于 AFM 的纳米操作是用具有定位误差的执行器去操作具有位置误差的被控对象,纳米操作的实际结果与操作的期望目标不符是必然的。现有的操作方法是通过操作结束后对操作区域进行重新成像实现操作结果的检测,这是耗费时间且低效的方法,无法实现大规模、自动化的纳米操作。

1.3.3　AFM 纳米操作存在的问题

基于 AFM 的纳米操作技术发展至今,针对纳米操作环境中所特有的操作不确定性展开了广泛的研究,从不同的角度来提高操作的可靠性、效率和精度等性能指标,但仍然存在着下面亟待解决的科学问题。

(1) 单探针执行器

原子力显微镜的成像与操作功能都是由一根针尖极细的探针实现的,但在任意时刻,探针针尖只能作为传感器进行扫描作业或者作为执行器进行操作作业,不能同时完成成像与操作。因此,基于 AFM 的纳米操作系统存在着可操作不可观测或者可观测不可操作的问题。此外,单探针执行器进行纳米操作时,只能对纳米物体施加点作用力,导致操作力和作用点/方向具有随机性,造成操作过程中探针与被操作物体失去接触,无法实现稳定的纳米操作。

(2) 探针定位的不确定性

纳米操作中,AFM 探针受到压电陶瓷管 PZT 的驱动,实现与被操作物体的接触与力操作。但压电陶瓷管本身具有迟滞和蠕变的特性,因此 PZT 驱动探针的时候具有非线性。除此之外,纳米操作系统存在温漂特性,使得在纳米操作中物体与探针的位置具有一定的相对性。以上因素使得 AFM 探针的定位存在一定的不确定性,即设定的探针位置可能不是探针的实际位置,只能确定探针位置的分布区域。在纳米操作中,探针需要不断地从一个位置到另一个位置,因此探针位置的不确定区域会随探针位置的变化愈来愈大,这种不确定性使得探针无法精确定位到操作位置,从而造成操作任务的失败。

(3) 探针形貌的不确定性

AFM 探针的针尖尺寸与成像的分辨率有密切关系,探针针尖愈细则其敏感度愈高,图像的分辨率也最好,故 AFM 图像更能反映纳米物体的真实形貌。但随着扫描成像或纳米操作的进行,会磨损探针针尖,改变针尖的形貌。用磨损后的探针进行成像操作会增大探针的展宽效应,使纳米物体真实形貌的反应度降低,更不容易确定纳米物体在任务空间的真实位置,因此探针形貌的不确定性是影响纳米操作的因素之一。

(4) 系统温漂的不确定性

AFM 操作系统温漂主要是由于环境温度、湿度的变化使 AFM 机械部件收缩和膨胀率存在不一致,导致探针与基底样品之间存在漂移。传统补偿方法需要 AFM 扫描几个小时,在系统运行稳定后,才能执行纳米操作,该方法耗费时间而且效率比较低,因此急需一种有效的温漂补偿方法。

(5) 纳米物体运动学模型的不确定性

纳米环境下,物体受到的摩擦力与宏观环境下有所不同,由于没有适合的传感检测机构,只能通过检测结果对物体进行受力分析,以此建立纳米物体的运动学模型。如果建模的时候考虑的因素多则建立的模型会复杂难以求解,且模型中的参数可能无法具体标定,这就造成在所建模型中引入了不确定性。因此,建立一个能够标定模型参数、确定纳米操作中被操作物体的实时位置的运动学模型,是实现稳定纳米操作的前提条件。

综上所述,当前基于 AFM 的纳米操作研究亟须一种基于模型的纳米操作方法,并能够在不确定环境下实现稳定、高精度、定姿态的纳米操作。

1.4　主要内容和章节安排

1.4.1　主要内容

本书在对当前 AFM 纳米操作研究领域进行深入了解和研究的基础上,分析和讨论了纳米物体的受力和运动情况,建立了可标定模型参数的纳米物体运动学模型,对纳米操作环境存在的不确定因素进行了研究,并在所建模型的基础上采用蒙特卡洛概率预报的方法,规划探针作用路径形成虚拟纳米手结构实现稳定、高精度的纳米操作。本书的主要内容如下:

(1)基于 AFM 推动的纳米物体运动学模型研究

如果能够实时确定操作中纳米物体的位置,则可以在一定程度上避免操作过程中由于环境的不确定因素导致 AFM 探针与纳米物体脱离造成操作失败等问题,因而建立纳米物体的运动学模型是进行稳定纳米操作的前提条件之一。本书在对纳米环境被操作物体受力分析的基础上,提出了纳米粒子与纳米棒体的运动学模型,并根据实验手段对模型中的相关参数进行了标定,在此基础上对所建模型进行了数值模拟及仿真实验分析,验证了所建立的运动学模型能够有效地预测操作后纳米物体的位置。

(2)基于最小作用量的纳米粒子运动学模型研究

为了进一步提高纳米粒子运动模型的精度,将最小作用量原理引入建模,对所建的粒子运动学模型进行了改进。首先证明了在最小推动力作用下纳米粒子旋转中心的位置分布情况,在此基础上进行力与力矩的分析,建立纳米粒子的运动学模型。采用龙格库塔法、蒙特卡洛法对模型进行了算法分析,并进行了模型中相关参数的标定以及模型的仿真研究,验证了模型的有效性。

(3)纳米操作环境不确定性因素研究

纳米操作环境中由于系统自身特性使 AFM 探针定位存在不确定性,此外还存在探针形貌不确定性和系统温漂不确定性,这些不确定性使纳米物体的运动不能精确预测。为了降低这些不确定性对纳米操作的影响,利用局部扫描的方式对温漂不确定性进行补偿,通过数学形态学的方法进行探针形貌的估算及 AFM 图像的重构来降低探针形貌不确定性的影响,最后通过路标观测的方法进行探针定位的估算,提高探针定位的精度。

(4)虚拟纳米手操作策略研究

纳米操作环境下存在不确定性是不可避免且无法通过技术消除的,如何在不确定环境下实现稳定的纳米操作是研究的重点,基于此提出了虚拟纳米手操作策略,即通过多点规划操作模拟多探针同时操作结果。考虑到探针定位与纳米物体位置的不确定性误差分布特性,采用蒙特卡洛概率描述和预测方法对操作后的纳米物体位置进行概率预报,根据预报结果规划纳米手的结构参数,仿真结果表明虚拟纳米手操作策略能够实现稳定的纳米操作。最后分析了纳米手的结构参数性能与优化方法。

(5)纳米操作系统的构建与实验研究

构建了具有实时反馈功能的纳米操作系统平台,该系统集成了本研究的相关内容,并在该系统上进行了探针定位不确定性、探针形貌不确定性及系统温漂不确定性的实验研究,进行了不确定条件下虚拟纳米手操作的仿真与实验,验证了所建模型及操作方法的有效性,相关实验结果表明了该方法能够极大地提升纳米操作的效率。

1.4.2　章节安排

本书共分为 7 章,组织结构如下:

第 1 章,对不确定环境下基于 AFM 纳米操作的背景及意义进行阐述,对 AFM 的工作特点进行了介绍,总结了基于 AFM 纳米操作的研究现状与存在问题,概述了本书的主要内容和文章结构。

第 2 章,分析了纳米条件下物体的受力情况和运动学描述,提出了基于 AFM 推动的纳米粒子和纳米棒体的运动学模型,并对模型进行了仿真与实验分析。

第 3 章,在所建的纳米粒子运动学模型基础上进行了改进,提出了基于最小作用量原理的纳米粒子运动学模型,采用龙格库塔法、蒙特卡洛法对模型进行了算法分析,并标定了模型中的相关参数,进行了仿真研究。

第 4 章,分析了纳米操作环境中存在的不确定性以及对纳米操作的影响,针对探针定位的不确定性提出了基于路标和卡尔曼滤波的探针定位算法并进行了仿真实验研究,针对探针针尖形貌的不确定性进行了探针形貌的重构,针对系统温漂的不确定性构建了基于局部扫描的实时反馈温漂补偿方法,并进行了仿真与实验验证。

第 5 章,针对不确定环境下的纳米操作,提出了虚拟纳米手操作策略,采用蒙特卡洛方法建立纳米粒子与纳米棒体的概率模型,并通过仿真实验对手形结构参数进行了性能分析和结构优化。

第 6 章,针对研究的内容构建了相关系统平台,建立了具有实时反馈功能的纳米操作系统,在此基础上进行了不确定条件下虚拟纳米手操作的仿真与实验,验证了所建模型及操作方法的有效性。

第 7 章,对本书的主要工作进行了总结,并对未来的研究内容进行了展望。

第 2 章 纳米物体运动学模型研究

　　AFM 纳米操作系统无法同时进行图像扫描与纳米操作,因此建立被操作纳米物体的运动学模型,确定纳米物体的实时位置是实现稳定纳米操作的前提条件。现有的运动学模型存在参数较多且难以标定的缺点,因此研究并建立一个能够标定参数且有效预测纳米物体位置的运动学模型是十分必要的。本章对纳米物体的受力情况和运动情况进行了分析和讨论,并通过实验验证了纳米条件下物体的运动方式,探讨了 AFM 探针的推动速度与纳米物体所受到的摩擦力之间的相互联系,在牛顿力学的基础上,分析纳米物体所受摩擦力的组成,根据力与力矩的关系,分别建立了纳米粒子与纳米棒体的运动学模型。通过实验手段对模型中的相关参数进行了标定,并对所建模型进行了仿真研究。仿真与实验结果表明,所建的纳米物体运动学模型在一定程度上能够对操作后物体的位置进行预测。

2.1 纳米物体运动学建模的理论基础

2.1.1 纳米物体的运动学描述与受力分析

　　纳米物体的运动学模型是在对探针与物体之间相互作用力的分析基础上进行的,图 2-1 是以纳米粒子为操作对象进行受力分析的示意图,(a)为受力分析示意,(b)是以俯视图的角度描述纳米粒子的运动情况。纳米操作过程中,被操作纳米颗粒主要受到探针对其的推动力以及基底产生的摩擦力,此外探针与粒子之间还存在一定的摩擦力。假设探针与粒子接触后施加水平方向上的作用力 F_x,垂直方向上的作用力 F_z,则两者的合力为施加在粒子上的作用力 F_2。基底对粒子的作用力 F_1 能够抵消探针垂直分力 F_z 的作用,此外,基底还与纳米粒子之间存在静摩擦力 f_1。探针与粒子之间相互接触因此存在摩擦力 f_2,该摩擦力与 F_2 在针尖与粒子接触点切线上的作用力 f_0 方向相反。当粒子在探针作用下产生转动时会受到转动摩擦力 f_3 的作用。在图 2-1(b)的俯视图中,探针视为左侧圆,与之接触的右侧大圆形即为纳米颗粒,探针施加作用力 F_x,则纳米颗粒产生相应的运动。

在探针作用力及基底产生的摩擦力共同作用下,纳米颗粒可能出现黏附、平动、转动、滚动等运动状态,作用力与颗粒运动状态之间的关系分析如下:

当纳米颗粒的运动状态为黏附状态时,根据图 2-1 所示的力分析情况,其所受到的力情况应满足:$F_x < f_1, F_y > f_1, f_\theta < f_2$。黏附状态指的是纳米粒子在探针作用下未能发生移动,仍保留在操作前的位置,主要原因为探针施加在粒子上的水平作用力 F_x 过小不足以使粒子克服基底施加的摩擦力 f_1,因此不能推动纳米粒子。此状态下探针与粒子接触点上 $f_\theta < f_2$,故探针与粒子之间也是相对静止的。

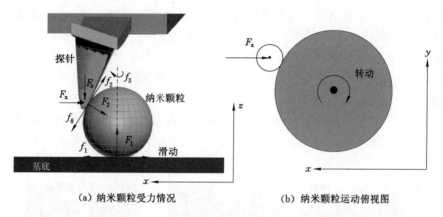

（a）纳米颗粒受力情况　　　　　　（b）纳米颗粒运动俯视图

图 2-1　操作纳米颗粒的受力分析

当纳米颗粒的运动状态为平动状态时,其所受到的力情况应满足:$F_x > f_1$, $f_\theta < f_2$。平动状态是指纳米颗粒在探针作用下沿直线运动,在粒子运动过程中,探针始终与粒子相接触且没有相对运动。这种运动状态下,探针施加在粒子上的水平作用力应克服了基底的摩擦力作用,作用力的方向应沿着过粒子中心且平行于 x 轴的方向。

当纳米颗粒的运动状态为转动状态时,其所受到的力情况应满足:探针在 y 轴方向的分力大于转动摩擦力 f_3。转动状态是指纳米颗粒在探针的推动下在 xy 轴方向均有位移,这种状态下探针的作用点不在通过粒子中心且与 x 轴平行的方向上。

当纳米颗粒的运动状态为滚动状态时,其所受到的力情况应满足:$F_x > f_1$, $f_\theta > f_2$。滚动状态是指探针作用下的纳米颗粒不但有平面上的运动,在 z 方向上也存在位移,这种状态主要是探针与粒子之间存在的摩擦力小于 F_2 在针尖与粒子接触点切线上的作用力 f_θ,从而使探针与粒子之间发生相对运动。

为了验证上述分析的 AFM 探针推动下纳米颗粒的运动状态,本书采用实验手段对纳米颗粒进行标记,通过推动实验并对操作结果进行成像观察标记点是否变化,来验证纳米颗粒运动过程中是否存在滚动现象。图 2-2 显示了具体的实验过程,图中虚线圆圈标记的纳米颗粒即为被操作的纳米粒子,(a)(b)(c)图为实验前后 AFM 图像的高度图,(d)(e)(f)图为对应的 AFM 相位图。纳米颗粒顶端中心的圆形标记点是通过施加电压的方式用 AFM 探针在纳米颗粒顶端圆心位置进行压坑的操作方式实现的,如图 2-2(d)左上角的局部放大图中箭头所示,显示在纳米颗粒中心有一个明显的圆形标记,且标记位置的弹性模量有显著改变。图 2-2(b)(e)是第一次对纳米颗粒进行推动操作后的实验结果图,为了更加直观地显示操作结果,(b)图为操作前后的叠加图,且图中灰色箭头为 AFM 的推动操作路径,在图 2-2(e)的局部放大图中仍然可以看到粒子顶端明显的标记点。图 2-2(c)(f)是在第一次推动操作后连续两次对纳米颗粒操作的实验结果,图(c)中的箭头方向为操作方向,图(f)局部放大图中仍能看到原有的标记点且标记点的位置没有改变。标记点显示得不如前两次图像明显,主要原因可能是由于聚氯乙烯材料制备的纳米颗粒自身的材料特性及连续多次扫描操作后探针的展宽效应造成的。图 2-2 的实验操作结果说明探针推动纳米粒子过程中不存在滚动运动。

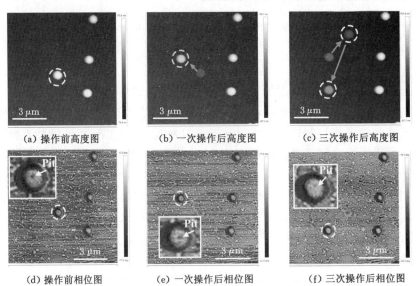

（a）操作前高度图　　　（b）一次操作后高度图　　　（c）三次操作后高度图

（d）操作前相位图　　　（e）一次操作后相位图　　　（f）三次操作后相位图

图 2-2　纳米操作过程无滚动现象的实验验证

图 2-3 中的纳米粒子推动实验可以验证在操作过程中转动现象的存在。由于样本制备原因造成下图中出现单个纳米颗粒和多个纳米颗粒粘在一起的情

况。以图中所示的 A、B 两个纳米粒子粘在一起的纳米粒子为操作对象,用
AFM 探针对纳米粒子 B 进行推动操作,从(b)图的操作结果可以看出,粒子 A
相对于其他纳米颗粒的位置没有明显变化,而粒子 B 有较大的位移,A、B 两个
粒子仍粘在一起,说明在推动过程中粒子 A 发生了转动。

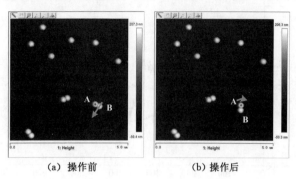

(a) 操作前　　　　　　　　　　(b) 操作后

图 2-3　纳米操作过程转动现象的实验验证

根据上述的作用力分析与具体的纳米颗粒推动操作实验可知,在对纳米颗
粒进行运动学建模时可以将纳米颗粒的运动状态定义为平动与转动两种。

2.1.2　纳米环境下推动速度对操作的影响

与宏观环境不同,纳米环境下,由于物体质量极小,因此它对物体运动状态
的影响可以忽略不计。纳米物体的运动状态主要由探针作用力及基底对物体的
摩擦力共同决定的,因此,清楚纳米环境下的摩擦力构成是十分必要的。

摩擦力分为静摩擦力、滚动摩擦力和滑动摩擦力三种,由于纳米颗粒的推动
实验证明无滚动运动状态,故纳米环境仅需要对静摩擦力及滑动摩擦力进行分
析。静摩擦力是指相互接触且处于相对静止状态的物体之间在外作用力的作用
下有相对滑动的趋势但未发生相对滑动时,接触面之间阻碍发生相对滑动的力。
当静摩擦力增大到最大静摩擦力的时候物体就会发生运动,静摩擦力的大小与
外力的大小有关。当物体克服静摩擦力的作用运动起来后,其与平面之间的摩
擦力成为滑动摩擦力,该摩擦力与垂直于摩擦面的压力及平面的滑动系数有关。
当物体与平面之间存在液体时则存在液体摩擦,即黏滞摩擦,黏滞力是一切流体
共有的特性,它的大小与物体的运动速度有关,速度越大则所受到的黏滞摩擦力
也就越大。

纳米尺度下,宏观状态下的某些摩擦力的经验公式仍能适用,例如静摩擦力
仍然大于动摩擦力[113],但由于微观情况下物体表面均覆盖了一层水膜,因此不
能忽略水膜带来的黏滞摩擦力的影响,故摩擦力主要由库仑摩擦力和黏滞摩擦

力两部分组成。以 AFM 推动纳米粒子的过程为例，在同一探针、同一纳米粒子、相同的推动距离条件下，以不同的推动速度进行纳米粒子的推动实验，收集 AFM 获取的激光偏转（PSD）电压信号，如图 2-4 所示。

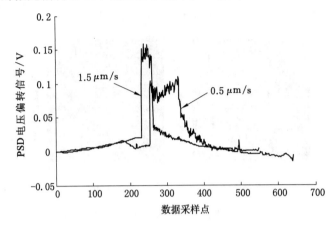

图 2-4　不同推动速度的 PSD 电压信号

图 2-4 中幅值较小的曲线表示当 AFM 的推动速度为 0.5 μm/s 的时候，PSD 获得的电压信号变化过程，幅值较大的曲线表示当推动速度为 1.5 μm/s 的时候，PSD 获得的电压信号变化过程。从图 2-4 中可以看出，两种不同推动速度情况下，PSD 电压偏转信号的变化趋势是相同的。曲线开始部分较为平缓表示探针开始运动但尚未与纳米粒子接触时的电压偏转信号，两种不同速度的电压偏转值均近似为 0。当探针与纳米粒子相作用的瞬间，PSD 获得的电压偏转值均迅速产生了变化。1.5 μm/s 推动速度的情况下，探针大概从第 230 个采样点的位置开始推动纳米粒子，此时 PSD 的电压偏转值约为 0.14 V，并维持到第 270 个采样点的位置结束推动操作。0.5 μm/s 推动速度的情况下，探针大概从第 260 个采样点的位置开始推动纳米粒子，此时 PSD 的电压偏转值约为 0.8 V，并维持到第 350 个采样点的位置结束推动操作。实验结果表明在不同推动速度的作用下，PSD 检测到的电压偏转信号不同，且推动速度越大，电压偏转值越大，说明粒子所受到的摩擦力不同，即黏滞摩擦力是粒子运动速度的函数。

　　在本书研究的纳米操作中，由于纳米物体与基底之间存在一层水膜，水膜的黏滞力是接触面摩擦力的主要组成部分，所以纳米物体所受到的摩擦力包括库仑摩擦力和黏滞摩擦力两部分，其中前者为定值常量，后者为速度的函数，因此可以得到图 2-5 所示的纳米物体所受摩擦力的模型图，即当速度为 0 时，纳米物体仅受到库仑摩擦力作用，而当有速度发生时，随着速度的增加，黏滞摩擦力也会随之增大。

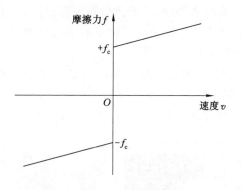

图 2-5　纳米物体的摩擦力模型

2.2　基于 AFM 推动的纳米粒子运动学建模

2.2.1　纳米粒子运动学建模的条件与假设

由于纳米操作环境存在着诸多不确定性,例如探针形貌的不确定、探针定位的不确定以及系统温漂的影响等,使得 AFM 推动操作时很难作用到纳米粒子的中心位置,因此粒子操作过程中可能出现平移(探针作用到粒子中心线)及旋转(探针作用点不在粒子中心线)两种运动。

图 2-6 是在相同实验条件下进行的 AFM 推动纳米粒子的实验,连续 2 次对 P_0 粒子进行推动步长为 500 nm 的推动实验,图中的另外两个纳米粒子可作为 AFM 连续扫描图像的误差消除参照物。图 2-6 中(a)、(d)图为操作前的 AFM

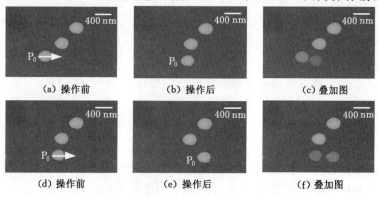

| (a) 操作前 | (b) 操作后 | (c) 叠加图 |
| (d) 操作前 | (e) 操作后 | (f) 叠加图 |

图 2-6　粒子推动的实验结果

扫描图像,(b)、(e)图为操作后的扫描图像,(c)、(f)图分别为两次推动后得到的推动结果叠加图。实验结果表明,尽管实验条件相同,但由于不确定性的存在,不能保证探针的真实作用点位于纳米粒子的中心位置,粒子在平移运动过程中不断旋转,故两次操作的结果不同。

图 2-7(a)是 AFM 探针推动纳米颗粒运动过程的模拟图,较大圆球为被操作的纳米颗粒,其下方的曲线是其运动轨迹。图 2-7(b)是探针推动纳米颗粒的俯视图,较小圆球代表探针,当探针的作用点不在粒子中心线上时,粒子则不能按直线运动而沿图示的曲线运动。

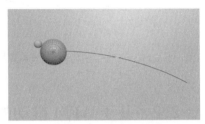

(a) 纳米颗粒运动过程模拟图　　　　　　(b) 纳米颗粒运动轨迹俯视图

图 2-7　推动纳米颗粒运动轨迹

AFM 探针以接触模式操作时,纳米粒子与基底之间会产生不可忽略的形变,故粒子与基底不能模型化为点接触,根据 Johnson-Kendall-Roberts(JKR)模型可知,粒子与基底之间的接触区域是半径为 R 的圆[114]。由于纳米实验的操作基底通常为硅片、云母及 CD 表面等物质,其高度起伏不大,相对于直径为 200 nm 的粒子而言,可忽略不计,故可假设粒子在平面基底上运动。由于粒子做旋转平移运动,其旋转中心是变化的,但如果在较短时间内将推动步长划分为多个微小的运动阶段,则可假设每个阶段粒子的旋转中心和旋转速度是不变的。在较小的推动步长下,可假定探针针尖始终与粒子接触且匀速推动,则探针的作用平面平行于基底的接触平面,因而接触平面圆心的运动即可反映粒子运动。在样本基底为均质介质前提下,可将粒子视为作匀速圆周运动的圆盘,如图 2-8 所示。图中虚线所示半径为 R 的圆为纳米颗粒与基底的接触面积,实

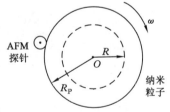

图 2-8　粒子的匀速圆周运动

线所示的半径为 R_P 的圆为 AFM 探针推动粒子的作用平面,分别对基底接触平面与探针作用平面进行受力分析,即可建立纳米粒子的运动模型。

2.2.2　纳米粒子建模分析

（1）基底接触平面分析

当粒子做圆周运动时，其瞬时旋转中心 I_{RC} 位于圆外，且由于粒子与基底均为均质，则接触平面上摩擦力是均匀分布的。为了便于研究，可将接触平面简化为一系列的棒状直线，如图 2-9 所示。

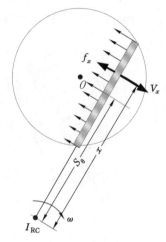

图 2-9　棒状直线摩擦力的分布

根据上述分析，棒状直线上微小单元的摩擦力 f_x 可用式（2-1）～式（2-3）描述：

$$f_x = f_c + f_v \tag{2-1}$$

$$f_c = \mu N_x \tag{2-2}$$

$$f_v = cV_x \tag{2-3}$$

式中，f_c 为库仑摩擦力且其值为常量；μ 为动态摩擦系数；N_x 为单元点上的正压力；f_v 为黏滞摩擦力；c 为黏滞摩擦系数；V_x 为单元点的速度，可用式（2-4）描述：

$$V_x = \omega \cdot x \tag{2-4}$$

式中，ω 为粒子作匀速圆周运动的角速度，可根据探针的推动速度进行求取，且为定值。x 是单元点与瞬时旋转中心 I_{RC} 间的距离。

$$\omega = \frac{V_p}{L_p} \tag{2-5}$$

式中，V_p 为推动速度，L_p 是推动点 P 与瞬时旋转中心 I_{RC} 间的距离，详见下节探针作用平面的分析。

棒状直线区域受到的摩擦力及力矩如图 2-10 所示，对单元区域的摩擦力进行积分运算，即可得到棒状直线区域所受的摩擦力及力矩，如表达式 (2-6)、式(2-7)：

$$f_\theta = \int_{S_\theta - \frac{L}{2}}^{S_\theta + \frac{L}{2}} f_x \mathrm{d}x \qquad (2-6)$$

$$M_\theta = \int_{S_\theta - \frac{L}{2}}^{S_\theta + \frac{L}{2}} f_x \cdot x \mathrm{d}x \qquad (2-7)$$

式中，S_θ 为棒状直线中心与瞬心的间距，L 为棒状直线长度。

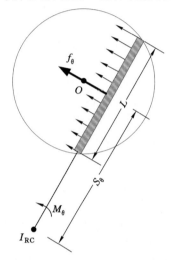

图 2-10　棒状直线的等效摩擦力及力矩

为了便于分析，在接触平面上，建立如图 2-11 所示的坐标系，即以旋转中心 I_{RC} 为坐标原点，以通过接触平面的圆心和旋转中心的直线为纵向坐标轴 y_0，以通过旋转中心且垂直于 y_0 的直线为水平坐标轴 x_0，在所建立的坐标系下对相关参数进行描述。

$$S_\theta = S \cdot \sin \theta \qquad (2-8)$$

$$L = 2\sqrt{R^2 - (S \cdot \cos \theta)^2} \qquad (2-9)$$

式中，S 是接触平面圆心与瞬心间的距离，R 为粒子与基底接触平面的半径，θ 为所建坐标系横轴 x_0 与棒状直线间的夹角，其取值范围为 $\frac{\pi}{2} - \arcsin \frac{R}{S} < \theta \leqslant \frac{\pi}{2} + \arcsin \frac{R}{S}$。

由于在接触平面上，棒状直线区域是关于纵轴 y_0 左右对称的，因此 f_θ 在纵轴上的分量会相互抵消，只有水平方向上的分量值，故接触平面的摩擦力与力矩

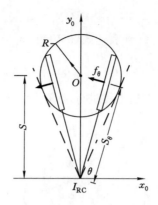

图 2-11　基底接触平面摩擦力的对称分布

可用表达式(2-10)、式(2-11)描述:

$$f_{\mathrm{fr}} = \int_{\frac{\pi}{2}-\arcsin\frac{R}{S}}^{\frac{\pi}{2}+\arcsin\frac{R}{S}} f_{\theta} \cdot \sin\theta \cdot \mathrm{d}\theta \tag{2-10}$$

$$M = \int_{\frac{\pi}{2}-\arcsin\frac{R}{S}}^{\frac{\pi}{2}+\arcsin\frac{R}{S}} M_{\theta} \cdot \mathrm{d}\theta \tag{2-11}$$

(2) 探针作用平面分析

对于纳米条件下,粒子所受的力与力矩均应保证平衡关系,即 AFM 探针施加在纳米颗粒上的作用力与力矩与纳米颗粒在基底平面所受到的摩擦力及力矩是平衡的,因此可获得表达式(2-12)、式(2-13):

$$M_{\mathrm{p}} = M \tag{2-12}$$

$$f_{\mathrm{p}} = f_{\mathrm{fr}} \tag{2-13}$$

式中,f_{p} 为探针推动作用力的分量;M_{p} 为其力矩。

由于纳米粒子运动可视为圆盘的匀速圆周运动,故可对探针推动作用平面进行分析,得到图 2-12 所示的探针推动速度与粒子运动速度关系示意图。图中点 C 为 AFM 探针与纳米颗粒的接触点,在 AFM 探针以推动速度 V_{P} 的推动操作作用下,纳米颗粒的圆心以 V_{O} 的速度进行匀速圆周运动。

为了便于分析,对接触平面的坐标系进行了坐标变换,建立了如图 2-12 所示的 xy 坐标系。变换角 θ_0 可由表达式(2-14)求取:

$$S \cdot \sin\theta_0 = -R_{\mathrm{p}} \cdot \cos\theta_{\mathrm{p}} \tag{2-14}$$

式中,θ_{p} 为推动作用点与圆心间的夹角,R_{p} 为粒子推动作用平面的半径。

根据作用力 f_{p} 和力矩 M_{p} 之间的平衡关系,可获得等式(2-15)

$$f_{\mathrm{p}} \cdot L_{\mathrm{p}} \cdot \cos\theta_0 = M_{\mathrm{p}} \tag{2-15}$$

式中,L_{p} 为推动点与瞬心的间距,可由表达式(2-16)描述。

$$L_p = S \cdot \cos \theta_0 + R_p \cdot \sin \theta_p \qquad (2\text{-}16)$$

对上述表达式进行整理,得到表达式(2-17):

$$\int_{\frac{\pi}{2}-\arcsin\frac{R}{S}}^{\frac{\pi}{2}+\arcsin\frac{R}{S}} (f_\theta \cdot \sin \theta \cdot L_p \cdot \cos \theta_0 - M_\theta) \mathrm{d}\theta = 0 \qquad (2\text{-}17)$$

通过数值分析的方法对上述方程进行求解,即可得到变量 S。

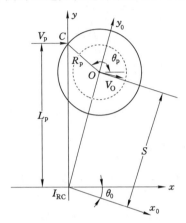

图 2-12　探针推动速度与粒子运动速度的关系

在探针作用平面上,根据匀速圆周运动的特点,推动接触点 C 和纳米颗粒中心点 O 的速度关系可用表达式(2-18)描述。

$$\frac{V_p}{L_p} = \frac{V_o}{S} \qquad (2\text{-}18)$$

因此,在确定的推动速度和推动角度作用下,通过粒子的运动时间即可确定操作后粒子所在的位置。

2.2.3　纳米粒子运动学模型的仿真与实验验证

为了验证所建纳米粒子运动学模型的有效性,本书进行了相关的仿真与实验研究,即通过实验进行所建运动学模型中参数的标定,并在不同推动速度和粒子与基底接触半径的条件下,计算纳米粒子的运动旋转角度,最后通过实际的纳米粒子推动实验进行结果的验证。

为了得到前述运动学模型中的变量 S,则需要确定两个常量参数的值,即库仑摩擦力 f_c 和黏滞摩擦系数 c,可以通过实验对其进行标定。实验标定的过程如下:

样本制备:将半径为 100 nm 的聚苯乙烯纳米粒子沉积到 CD 基底上作为实验样本,采用 MikroMasch 公司生产的 NSC15/AIBS 型号探针作为操作探针。

参数采集:首先进行探针的力曲线测量获得其偏转灵敏度参数 γ,如图 2-13 所示,得到 $\gamma = 60$ nm/V。其次,在相同推动角度和推动步长条件下连续 5 次以相同速度进行纳米粒子的推动操作,记录下每次操作的 PSD 电压偏转值 δ_V 并计算其均值。实验中分别以 $0.5~\mu m/s$、$0.7~\mu m/s$、$1.2~\mu m/s$、$1.4~\mu m/s$、$1.8~\mu m/s$ 和 $2.0~\mu m/s$ 六个不同的推动速度进行了 30 次纳米粒子的推动操作实验,获得了对应的 PSD 电压偏转值。假设在探针推动粒子过程中,探针与粒子间的接触角不变的情况下,通过公式 $x=\delta_V \times \gamma$ 和 $f=kx$ 就可以计算出探针施加到纳米粒子上的推动作用力,其中参数 k 是 AFM 悬臂梁的弹性系数,是一个固定常值,本书中 $k=40~N/m$。

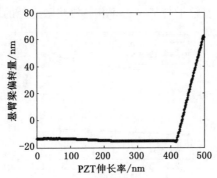

图 2-13　AFM 探针的力曲线

数值模拟:图 2-14 是通过计算和求均值得到的 AFM 探针推动速度与作用力之间的关系曲线,它是在实验结果计算的基础上,通过最小二乘法拟合得到的。该曲线的 Y 轴截距就是纳米粒子所受到的库仑摩擦力 f_c 的值,曲线的斜率即为黏滞摩擦力系数 c 的值。根据标定结果可知,f_c 的值约为 191.06 nN,而黏滞摩擦系数 c 的值约为 9.68。

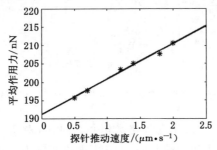

图 2-14　推动速度与纳米粒子所受作用力的关系曲线

在进行纳米颗粒运动学模型中相关参数的标定后,即可根据所建立的模型进行变量 S 的计算,从而在确定的探针推动速度和推动角度下进行推动过程中纳米颗粒圆心位置的预测。

在纳米尺度下,接触形变是不可忽略的因素,假设纳米粒子与基底之间的接触形变足够大,则可将接触平面的半径视为探针推动平面的半径,在此条件下,针对不同的推动速度对纳米粒子推动过程中位置变化的影响进行了仿真研究,结果如图 2-15 所示。图 2-15 是 AFM 探针分别以 0.5 $\mu m/s$ 和 1.8 $\mu m/s$ 的推动速度对纳米粒子进行推动操作,仿真结果表明在同样的基底接触半径条件下,随着推动角度的增大粒子中心的速度也会增大。图 2-16 说明在同样的推动速度情况下,纳米粒子中心的速度会随着粒子与基底之间的等效接触半径的增大而增大。

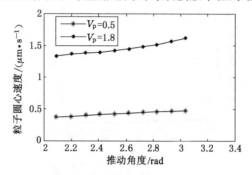

图 2-15   不同推动速度下纳米粒子中心的速度

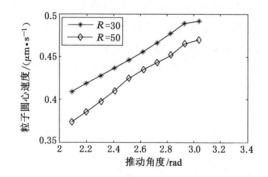

图 2-16   不同接触平面半径下纳米粒子中心的速度

根据参数标定结果,采用龙贝格数值积分算法,对所建立的粒子运动学模型进行了粒子运动轨迹的数值计算。探针推动速度设定为 0.5 $\mu m/s$,推动距离为 500 nm。由于探针存在 10~20 nm 的定位误差,尽管操作时设定的推动路径通过粒子圆心,但实际作用点的位置在圆心附近,故进行运动轨迹计算时设定推动初始角的取值范围为 $11\pi/12 \sim 13\pi/12$。假设推动距离在小于 100 nm 的条件下,推动角和瞬心的变化可忽略,故根据模型确定粒子中心的运动,更新推动点的位置,重复计算,可以确定在 500 nm 推动距离作用下,粒子中心的运动轨迹。

在已知参数的情况下,用所建的纳米粒子运动学模型对 500 nm 推动操作进行仿真,每 100 nm 计算一次纳米中心的位置,但由于推动角度接近 π 时,参数 S 的值会非常大,此时 Matlab 仿真将不能提供稳定的结果,因此用前面的实验结果作为初始点的位置,仿真结果如图 2-17 所示。图中"∗"十字点表示推动操作实验中纳米粒子运动的初始位置和最终位置,其位置坐标分别为(56 nm,59 nm)和(478 nm,130 nm)。点状虚线表示纳米粒子运动轨迹的仿真结果,最终粒子在水平方向上的位移为 390 nm,在垂直方向上的位移为 60 nm。

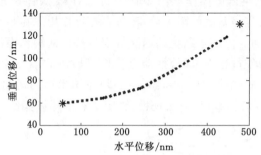

图 2-17　纳米粒子推动实验的仿真运动轨迹

图 2-18 是实验前后的 AFM 扫描图像及实验结果的叠加图,从图中可以计算出纳米粒子在推动距离为 500 nm 情况下,其水平位移约为 422 nm,竖向偏转约为 71 nm。

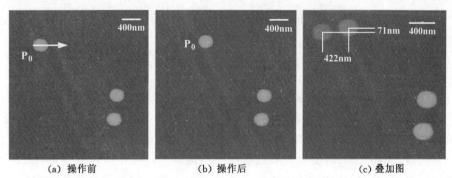

（a）操作前　　　　　　　（b）操作后　　　　　　　（c）叠加图

图 2-18　推动距离为 500 nm 的推动实验结果

与实验结果相比,尽管仿真结果存在一定误差,但仍可以在一定程度上对粒子的位置进行预测,可以进一步优化运动学模型来提高其预测精度。

2.3　基于 AFM 推动的纳米棒体运动学建模

2.3.1　纳米棒体运动学模型

纳米棒体也是一种常见的纳米材料,它在光、电、磁等方面具有独特的性能,能够将其制成特定的结构和器件。在进行结构及器件制造的过程中,需要应用 AFM 对纳米棒体进行推动操作,并且通常要求纳米棒体能够定姿态、高精度地操作到指定位置。

基于 AFM 的纳米棒操作如图 2-19 所示,AFM 探针首先接触静止的纳米棒,当推动作用力克服基底的阻力后,棒体在探针作用下在基底表面沿设定的路径和轨迹进行运动。但由于系统的迟滞蠕变等特性使纳米操作环境存在着多种不确定性,故在操作过程中,即使推动点作用于棒体的中心位置,棒体也会发生旋转。因此,为了制造纳米装备和器件,必须在纳米棒的运动学模型基础上,规划 AFM 探针的推动参数,从而实现稳定、定姿态的棒体操作。

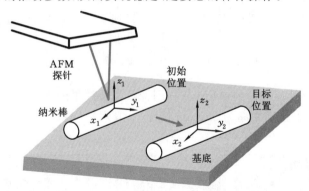

图 2-19　基于 AFM 的纳米棒推动

在进行纳米棒推动操作时,不同的 AFM 推动作用点会使纳米棒体的旋转中心有所不同,因此会得到不同的实验结果,图 2-20～图 2-22 显示了三种不同旋转中心位置的实验操作结果。图 2-20 的实验结果表明,棒体的旋转中心位于棒体内部,而图 2-21 的实验结果表明棒体的旋转中心位于棒体的顶端,图 2-22 的实验结果表明棒体的旋转中心位于棒体外部。为了实现纳米棒体的稳定、定姿态操作,需要对纳米棒体进行运动学建模,并进行推动操作的规划。

通过实验可知,纳米棒体在不同探针推动点作用下其旋转中心的位置可能在棒体内部或棒体外部,当 AFM 探针作用点靠近棒体两侧端点时,其旋转中心位于棒体内部,当 AFM 探针作用点靠近棒体中心时,棒体趋近于平动,因此其

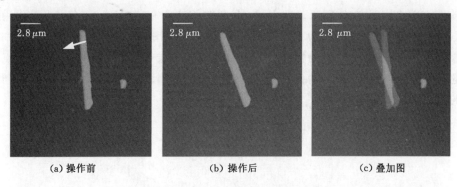

（a）操作前　　　　　　（b）操作后　　　　　　（c）叠加图

图 2-20　旋转中心在棒体内部的推动实验

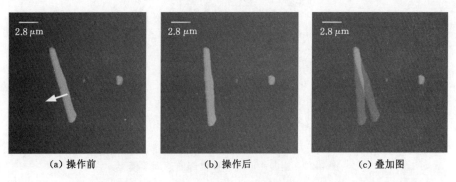

（a）操作前　　　　　　（b）操作后　　　　　　（c）叠加图

图 2-21　旋转中心在棒体顶端的推动实验

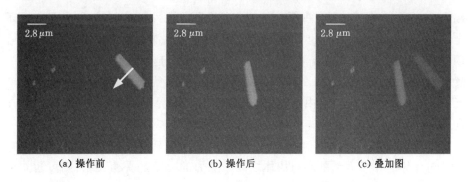

（a）操作前　　　　　　（b）操作后　　　　　　（c）叠加图

图 2-22　旋转中心在棒体外部的推动实验

旋转中心位于棒体外部。根据探针作用点的位置，可以建立不同的纳米棒体受力模型。

　　当作用点远离棒体中心而靠近棒体端点时，棒体的旋转中心位于棒体内部，其具体描述如图 2-23 所示。图中，I_{RC} 是瞬时旋转中心，探针与棒体的接触作用点为 P，棒体的两个端点为 A、B，v_p 为推动点的探针推动速度，s 为瞬时旋转中心与参考点 A 的间距，r 为棒体上任一点与旋转中线 I_{RC} 间的距离，f_r 是任一点的摩擦力，F 为探针的推动作用力，L 为棒体长度，l 为推动点与参考端点 A 间的距离。

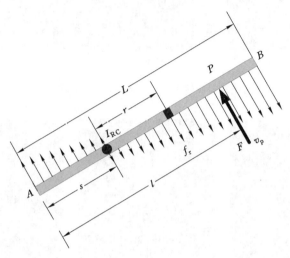

图 2-23　旋转中心在棒体内部的运动学模型

与纳米颗粒的摩擦力构成相同，棒体与基底之间的摩擦力 f_r 也由库仑摩擦力 f_c 和黏滞摩擦力 f_v 两部分构成，前者为常数且可通过实验手段进行标定，后者为速度的函数且也可以通过实验标定其黏滞摩擦系数。根据旋转运动的特点，越靠近旋转中心的位置所受到的摩擦力越小，越远离旋转中心的位置受到的摩擦力越大。图 2-23 中的灰色箭头分别代表不同位置的摩擦力单元，由于旋转中心在棒体内部，因此以旋转中心为界限，棒体所受的摩擦力方向有所不同。

纳米棒体在 AFM 探针的推动力作用下，围绕旋转中心进行匀速圆周运动，探针对棒体的作用力和基底与棒体之间摩擦力的力矩是平衡关系，则可建立纳米棒体的受力模型如式（2-19）所示。

$$F(l-s) = \frac{1}{2} f_c (L-s)^2 + \frac{1}{2} f_c s^2 + \int_0^{L-s} c\omega \cdot r^2 \mathrm{d}r + \int_0^s c\omega \cdot r^2 \mathrm{d}r \quad (2\text{-}19)$$

式中，$c\omega$ 为棒体的旋转角速度，此种情况下，棒体的旋转角速度表达式为

$$\omega = \frac{v_p}{l-s} \quad (2\text{-}20)$$

当探针推动棒体开始运动时,其作用力达到了使棒体运动的最小值,因此,旋转中心 I_{RC} 的位置可以通过对作用力 F 的微分运算求得,即

$$\frac{\mathrm{d}F}{\mathrm{d}s} = 0 \tag{2-21}$$

当作用点靠近棒体中心而远离棒体端点时,棒体的旋转中心位于棒体外部,其具体描述如图 2-24 所示。与图 2-23 不同,当旋转中心位于棒体外部时,棒体整体沿一个方向运动,因此棒体所受到的摩擦力方向是相同的,且距离旋转中心越远,所受到的摩擦力越大。

根据力与力矩的关系,旋转中心位于棒体外部,棒体的力矩平衡关系表达式为

$$F(l+s) = f_c L\left(\frac{L}{2}+s\right) + \int_s^{L+s} c\omega \cdot r^2 \mathrm{d}r \tag{2-22}$$

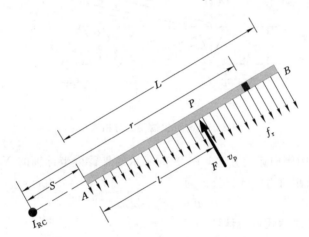

图 2-24　旋转中心在棒体外部的运动学模型

棒体的旋转角速度表达式为

$$\omega = \frac{v_p}{l+s} \tag{2-23}$$

同样可以通过对 F 的微分运算确定推动后旋转中心的位置。

通过对纳米棒体的运动学建模,可以预测不同推动点及推动步长作用下,棒体的可能位姿,便于进行操作参数的设置。

2.3.2　纳米棒体运动学模型的仿真与实验验证

为了验证所建纳米棒体运动学模型的有效性,本书进行了仿真与实验研究。在 AFM 推动纳米棒体实验中,操作对象为一个长 5.65 μm,直径为 0.81 μm 的

ZnO 纳米棒,将其沉积在云母基底上。

首先进行运动学模型中参数 f_c 和 c 的标定,方法与前述纳米粒子推动操作的参数标定方法相同,即在同样条件下,以不同的推动速度推动纳米棒体记录其推动过程中的 PSD 的水平偏转信号和推动角度。在参数标定实验中,AFM 探针的推动方向设置为垂直于棒体中心线,推动点与棒体上顶点的距离为 1.5 μm,每次的推动步长为 1 μm,分别以 0.5 μm/s、1.0 μm/s、1.5 μm/s、2.0 μm/s 的推动速度进行重复推动。当探针侧向推动纳米物体时,探针作用力如图 2-25 所示,F_l 是探针的侧向推动作用力,F_x、F_y 分别是探针在水平和竖直两个方向上的作用力分量,h 是 AFM 的探针高度且包括悬臂梁的厚度。

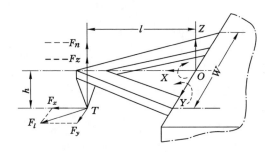

图 2-25　悬臂梁的受力分析模型

假设探针的侧向运动方向与图 2-25 所示的悬臂梁坐标轴的 X 轴方向的夹角为 φ,则探针侧向力的计算公式为

$$F_l = F_y / \sin \varphi \tag{2-24}$$

F_y 按下面表达式进行计算

$$F_y = \frac{k_l}{h} \theta_x = \frac{k_l K_l}{h} S_l \tag{2-25}$$

式中,S_l 是四象限光电检测器 PSD 水平信号的输出值,k_l 是悬臂梁的扭转常数,K_l 是系统常数,k_l 和 K_l 的数值不能分别进行标定,但可以对其乘积项 $k_l K_l / h$ 进行标定,标定方法与文献[72]中的方法相同。

根据不同推动速度下记录的 PSD 的电压信号,按照公式(2-24)和式(2-25)的表达式进行探针侧向推动作用力的计算,即可得到探针推动速度与作用力的关系曲线,如图 2-26 所示。

图 2-26 是纳米棒体推动操作中推动速度和平均推动力的关系曲线,其中横轴为推动速度,纵轴为探针作用力,通过最小二乘法对推动速度与作用力进行拟合,得到图示的斜线,该斜线的 Y 轴截距即为作用于整个棒体的库仑摩擦力 f'_c,其斜率为接触点 P 的等效黏滞摩擦力参数 c',故得到如下表达式。

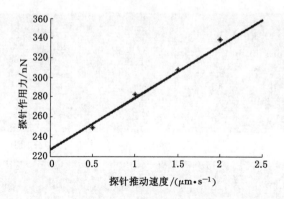

图 2-26 施加在纳米棒体上的推动速度与平均推动作用力

$$f'_c = f_c \cdot L \tag{2-26}$$

对于旋转中心在棒体内部的情况,存在表达式

$$c' \cdot v_p = \int_0^{L-s} c\omega r \cdot \mathrm{d}r - \int_0^s c\omega r \cdot \mathrm{d}r \tag{2-27}$$

对于旋转中心在棒体外部的情况,表达式为

$$c' \cdot v_p = \int_s^{L+s} c\omega r \cdot \mathrm{d}r \tag{2-28}$$

通过表达式(2-26)~式(2-28)即可确定运动学模型中的参数 f_c 和 c。

图 2-27 是在相同的实验条件下进行纳米棒体推动的实验结果,推动对象为长 $L=5.686~\mu\mathrm{m}$ 的纳米棒体,初始推动方向为垂直于棒体的中心线,推动作用点至棒体的上端点的距离 $l=4.186~\mu\mathrm{m}$,AFM 探针的推动速度为 $2.0~\mu\mathrm{m/s}$,推动步长为 $1~\mu\mathrm{m}$。尽管纳米棒体在三次推动操作实验中的初始位姿有所不同,但云母基底的表面比较平坦,因此可以将二维坐标系中所有方向的表面摩擦力视为是相同的。如果推动方向垂直于棒体,可认为初始推动角不影响推动操作的实验结果。图 2-27(c)、(f)、(i)是三次推动操作实验前后 AFM 扫描图像的叠加图。

图 2-28 是叠加图的放大图,但为了便于对操作结果进行分析,将图像进行了旋转并标定了纳米棒体在 x 轴方向的初始位置和角度。从实验结果可以得出,即使以相同的实验参数进行推动实验,实验结果是不同的。表 2-1 对纳米棒体中心点的位移进行了统计,其中 Δx 是棒体中心的水平位移,Δy 是垂直位移,$\Delta \theta$ 是棒体的旋转角度。

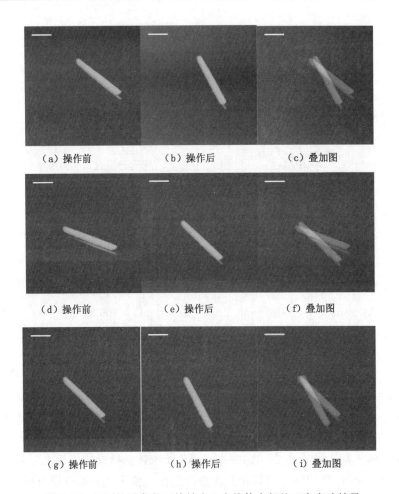

（a）操作前　　　　　（b）操作后　　　　　（c）叠加图

（d）操作前　　　　　（e）操作后　　　　　（f）叠加图

（g）操作前　　　　　（h）操作后　　　　　（i）叠加图

图 2-27　相同推动条件下旋转中心在棒体内部的三次实验结果

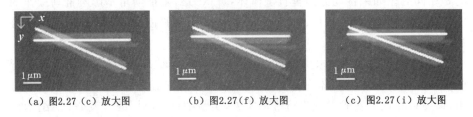

（a）图2.27（c）放大图　　　（b）图2.27（f）放大图　　　（c）图2.27（i）放大图

图 2-28　三次实验结果的旋转放大图

表 2-1 纳米棒体推动实验结果统计表

参数	Exp1	Exp2	Exp3
$\triangle x/\text{nm}$	−117	−103	−94
$\triangle y/\text{nm}$	634	587	564
$\triangle\theta/(°)$	−25.4	−24.8	−19.4

由表 2-1 可知,相同的实验条件下,纳米棒体推动实验数据不同,主要原因在于纳米环境下存在着多种不确定因素,尤其是 AFM 探针的定位存在误差,导致每次探针与棒体的接触点不同。图 2-29 是同样条件下三次推动棒体的仿真与实验结果。

为了验证前述所建纳米棒体运动学模型的有效性,本书利用数值计算的方法对棒体的推动实验进行模拟仿真。假定在较小推动步长的作用下,棒体的推动角度和旋转中心的变化可以忽略不计。在利用旋转中心在棒体内的运动学模型公式 2-19 进行仿真时,将推动过程分成 8 部分,即每次仿真计算的推动步长为 125 nm,分别计算出棒体中心位置的 x、y 轴方向上的位移。

图 2-29 中的深色曲线表示棒体中心分别在 X、Y 方向上的位移以及棒体的偏转角度。如果考虑位置误差的存在,则仿真结果将得到提高。图 2-29 中的浅色曲线是在考虑探针定位误差的情况下进行的数值仿真结果,其结果更接近于实际的实验结果。对于实验 1 的仿真,其探针接触位置为设定位置向下偏转 18 nm,实验 2 的定位误差值为 16 nm,实验 3 的误差值为 46 nm。从仿真结果可以看出,利用运动学模型对纳米物体推动操作过程中物体位置的预测必须考虑操作环境中存在的不确定因素,尤其是探针定位误差的不确定因素。

图 2-30 是纳米棒体的旋转中心在棒体外的实验操作结果。推动操作实验的对象是长 $L=8.0\ \mu m$,宽度为 $d=1.7\ \mu m$ 的 ZnO 纳米棒,且推动点与上端点的距离 $l=3.5\ \mu m$,推动速度为 $0.5\ \mu m/s$,推动距离为 $1\ \mu m$。由于 AFM 探针的作用点靠近棒体的中心位置,因此棒体的旋转角度较小且旋转中心位于棒体的外面。应用建立的运动模型进行数值仿真,得到旋转中心与棒体下端点的距离 s 约为 $1.9\ \mu m$,而对实验结果图 2-30(c)进行测量,实验结果 s 约为 $2.1\ \mu m$。

图 2-31 是实验的数值仿真结果图,(a)(b)(c)分别表示纳米棒体中心的 x,y 轴位移与旋转角度的变化。图中十字标记为推动操作实验的结果,棒体中心在 X 轴方向上的位移约为 234 nm,Y 轴方向上的位移约为 1 094 nm,棒体的旋转角度约为 9.15°。图 2-31 中的深色仿真曲线是在没有考虑探针误差的情况下得到的数值分析结果,浅色曲线是在探针定位误差为 28 nm 情况下的仿真结果。

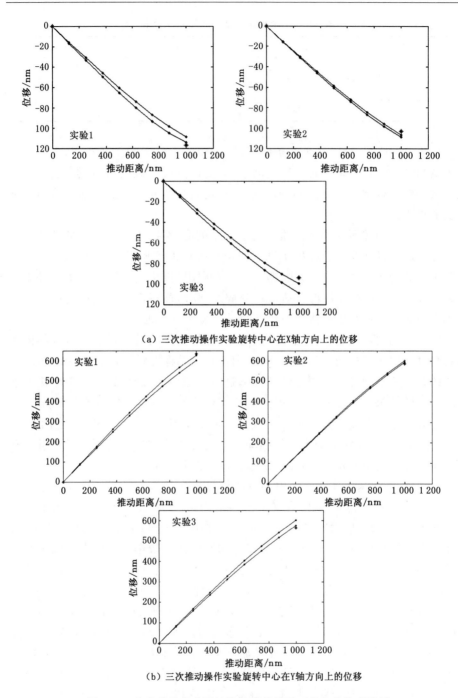

（a）三次推动操作实验旋转中心在X轴方向上的位移

（b）三次推动操作实验旋转中心在Y轴方向上的位移

图 2-29　未考虑及考虑探针定位误差情况下的数值仿真结果

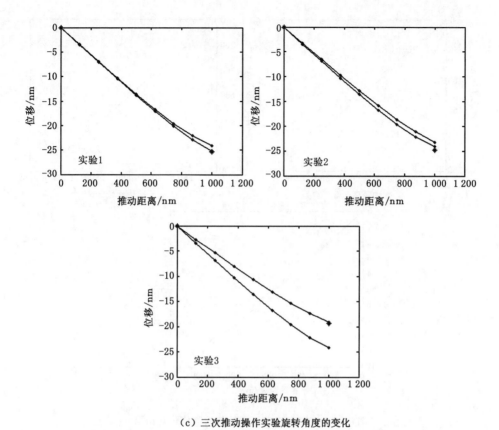

（c）三次推动操作实验旋转角度的变化

图 2-29（续）

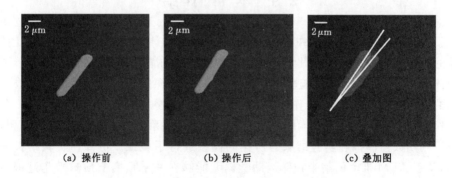

（a）操作前　　　　　　（b）操作后　　　　　　（c）叠加图

图 2-30　旋转中心在棒体外部的实验结果

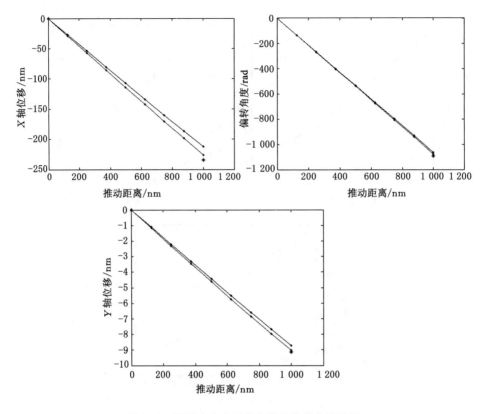

图 2-31　旋转中心在棒体外部的数值仿真结果

2.4　本章小结

本章针对纳米粒子和纳米棒体两种纳米操作物体分别建立了基于 AFM 推动的运动学模型。首先针对纳米环境下物体的受力情况进行了分析，并进行了物体运动情况的讨论和实验验证，然后根据 AFM 探针的推动速度与力曲线之间的关系特性，得到纳米操作环境下物体所受的摩擦力的组成，在此基础上，分别建立不同情况下粒子与棒体的力与力矩的平衡关系，得到二者的运动学模型，最后利用数值模拟和实验结果对所建的模型进行了验证。仿真和实验结果表明，基于 AFM 推动的纳米物体运动学模型能够在一定程度上预测操作过程中纳米物体的位置，但由于操作环境非确定性因素的存在，数值仿真结果与实际实验结果还存在一定的误差。

第 3 章　基于最小作用量原理的
纳米粒子运动学建模

在 AFM 探针与纳米颗粒之间不存在摩擦力、AFM 探针的推动速度即为纳米颗粒的运动速度等假设情况下,第二章所建立的基于 AFM 推动的纳米粒子运动学模型在一定程度上能够预测推动操作后粒子的位置。但是在纳米操作中,探针与纳米颗粒的表面均不是理想的光滑表面,因此二者之间存在着摩擦力,且该摩擦力会影响粒子的旋转运动,因此不能忽略该摩擦力的影响。本章提出了基于最小作用量原理的纳米粒子运动学模型,该模型利用最小作用量原理的特点求解探针推动纳米粒子运动的最小作用力,从而确定纳米颗粒运动时旋转中心的位置来进一步预测操作后粒子的位置。首先进一步对纳米颗粒的力与力矩平衡关系进行分析,在此基础上对纳米颗粒旋转中心的位置分布情况进行证明,得出推动操作中纳米颗粒的旋转中心总是在通过圆心且与推动方向垂直的直线上。建立了基于最小作用量原理的粒子运动模型,然后分析了探针与粒子的摩擦力、探针作用于粒子的正压力以及粒子所受到的作用力之间的关系,分析了模型中两个主要参数的关系,并根据分析的结论进行了模型的更新,最后对模型中的参数进行了仿真实验的标定,仿真结果验证了所建模型的有效性。

3.1　最小作用量原理

在人们对自然界认识的不断深入与发展,发现自然界的许多自然现象都遵从特定的规律。而最小作用量原理的产生也同样经过了从认识到具体化的过程。最早出现"最小"这一观念是在亚里士多德时代,他说"有些地方用很少的事情就可以做到而用了很多的都不是有用的"。在之后的发展中,这一观念一直以不同的形式围绕着历代科学家和哲学家。

最小作用量原理(principle of least action)是一种物理学中描述客观事物规律的方法,由希腊工程师 Hero 提出光的最短路程原理是其最早的表述,费尔马在研究光线的反射与折射时得出"自然界总是通过最短的途径发生作用"。莫培督在 1744 年提出了最小作用量原理,即自然界总是通过最简单的方法产生起作用的,如果一个物体必须没有任何阻碍地从一点到另一点,自然界就利用最短的途径和最快的速度来引导它。莫佩尔蒂认为所有的自然现象作用量趋于最小值,即在一个系统中所有处于静止状态的物体如果产生运动,则趋向于作用量的最小改变。最小作用量原理不仅对力学研究有指导性意义[115,116],而且还应用到电磁场[117],动力学[118],美学[119,120]等领域。

物理学中最小作用量原理从功能角度去考察和比较客体一切可能的运动(经历),认为客体的实际运动(经历)可以由作用量求极值得出,是其中作用量最小的那个。AFM 纳米操作问题是符合上述最小作用量原理的,当探针与被操作物体接触后对其施加作用力,使纳米物体的状态由静止变为运动,此时会得到一个使物体运动的探针最小作用力。在此基础上,本书根据对纳米颗粒进行作用力分析,依据探针推动纳米粒子的作用力最小原则,建立纳米粒子的运动学模型,预测推动操作后纳米粒子的位置,从而提高纳米操作的稳定性及操作效率。

3.2　基于最小作用量原理的纳米粒子运动学建模

3.2.1　接触面旋转中心定义

在第二章第一节中分析了纳米颗粒受力反应,根据力矩平衡关系,可以建立推动力矩等于摩擦力矩的力矩平衡方程,在建立操作模型的研究过程中通过对不同旋转中心力矩平衡关系的分析,如图 3-1 所示,对推动过程中纳米颗粒旋转中心所在位置进行分析,得到结论:纳米颗粒的旋转中心一定在垂直于推力方向且过圆心的中心线上。

假设圆外任意一点 A 作为旋转中心时,如图 3-1(a)所示。

在 AFM 推动纳米粒子的推动平面上得到推动力矩为

$$M_{pa} = F_{0a}(l + s) \tag{3-1}$$

式中,M_{pa} 为推动力矩,F_{0a} 为 AFM 探针推动点的作用力,l 是推动点到粒子中心的垂直距离,s 为粒子中心到旋转中心的垂直距离。

图 3-1(b)是粒子与基底接触面(图中的圆环部分)上任一微小单元的力矩分析图。为了便于分析,对图 3-1(a)进行简单的坐标变换,如图 3-1(b)所示,首先找到在中心线上且与圆心的距离与 A 点相同的点 C,由于距离相等,因此 A、C 两点的摩擦力矩是相等的,故可将 C 点视为纳米粒子的旋转中心,所以存在如下的表达式:

$$L_a = \sqrt{(h + r\sin\theta)^2 + r^2\cos^2\theta} \tag{3-2}$$

式中，L_a 是基底接触平面上任一微小单元与 C 点的距离，h 是 C 点到纳米颗粒圆心的距离，r 是接触平面的半径，θ 为单元点与粒子中心水平面的夹角。

在纳米粒子与基底的接触平面上受到的摩擦力矩的表达式为

$$M_{\mathrm{fra}} = \int_0^{2\pi} \int_0^{R_1} f \cdot L_a \, \mathrm{d}r \mathrm{d}\theta \qquad (3\text{-}3)$$

式中，M_{fra} 为基底接触平面纳米颗粒所受到的摩擦力力矩，R_1 为探针作用平面的半径，f 是接触平面上的摩擦力单元。

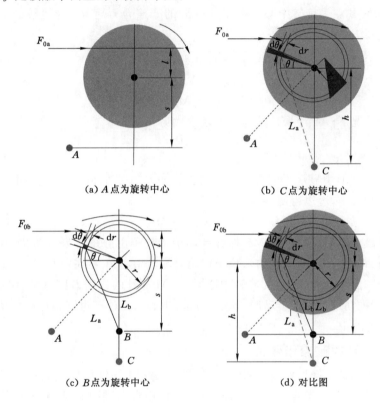

(a) A 点为旋转中心　　　　(b) C 点为旋转中心

(c) B 点为旋转中心　　　　(d) 对比图

图 3-1　不同旋转中心的力矩平衡关系分析

根据力矩平衡关系得

$$M_{\mathrm{pa}} = M_{\mathrm{fra}} \qquad (3\text{-}4)$$

在此情况下，AFM 探针的推动力表达式为

$$F_{0a} = \frac{M_{\mathrm{fra}}}{l+s} \qquad (3\text{-}5)$$

假设中心线上距粒子圆心距离为 s 的点 B 作为纳米粒子的旋转中心，如图 3-1(c)所示。

则这种情况下探针推动平面的推动力矩表达式为：

$$M_{pb} = F_{0b}(l + s) \tag{3-6}$$

式中，F_{0b}、M_{pb} 分别是 B 点为旋转中心的时候探针推动纳米颗粒的推动作用力及推动力矩。

粒子在基底运动平面上所受到的摩擦力力矩表达式为：

$$M_{frb} = \int_0^{2\pi} \int_0^{R_1} f \cdot L_b \mathrm{d}r \mathrm{d}\theta \tag{3-7}$$

式中，M_{frb} 是 B 点为旋转中心时粒子所受到的摩擦力力矩，L_b 为接触面上的任一单元点到 B 点的距离。

$$L_b = \sqrt{(s + r\sin\theta)^2 + r^2 \cos^2\theta} \tag{3-8}$$

根据力矩平衡关系可得

$$M_{pb} = M_{frb} \tag{3-9}$$

在此情况下，AFM 探针的推动力表达式为

$$F_{0a} = \frac{M_{frb}}{l + s} \tag{3-10}$$

在图 3-1(d) 中显示了旋转中心分别在 A 点与 B 点的情况，根据图中各个参数的位置和大小，可以得出各参量之间的关系，即

$$h > s \rightarrow L_a > L_b \rightarrow M_{fra} > M_{frb} \rightarrow F_{0a} > F_{0b} \tag{3-11}$$

根据最小作用量原理，AMF 探针推动纳米粒子由静止变为运动状态时，探针的推动力最小，因此，即使纳米粒子转动时旋转中心 A 不在中心线上，总会有中心线上一点 B，且以 B 点为旋转中心时 AFM 探针的作用力比 A 点小。综上所述，探针推动纳米粒子转动时，粒子的旋转中心一定位于过圆心且与推动方向垂直的中心线上。

3.2.2 纳米颗粒操作建模

第二章的纳米操作实验结果已经证明，若 AFM 探针作用点通过作用平面的圆心，则纳米颗粒做直线滑动运动；而探针作用点不过圆心时，粒子做旋转平移运动，且已证明这种情况下粒子的旋转中心位于与推动方向垂直的中心线上。在粒子转动运动过程中，探针与粒子的接触点实际上是变化的，但在较小推动步长作用下，可认为粒子做匀速转动。

探针作用点的位置是决定纳米粒子运动情况的初始条件之一，根据匀速圆周运动的特点，若探针作用点远离圆心则旋转中心靠近圆心，而当作用点靠近圆心时旋转中心则远离圆心。图 3-2(a) 是不同作用点与旋转中心的关系示意图，图中虚线代表了探针作用点靠近圆心时，纳米粒子中心将沿虚线的轨迹以下面的 I_{RC1} 旋转中心为圆心进行匀速圆周运动；当探针作用点为黑色箭头表示时，由

于作用点远离圆心位置,故这种情况下旋转中心为上面的 I_{RC2},纳米颗粒的中心将沿图中实线的轨迹进行运动。将前述证明结论即粒子运动时其旋转中心一定在垂直于推动方向且过圆心的中心线上的规律作为建立操作模型的约束条件,在力学平衡关系的基础上,建立基于最小作用量原理的运动学模型。

为了分析方便,以旋转中心作为坐标原点建立坐标系,设 x 轴正方向与推力方向一致,如图 3-2(b)所示,则推动力矩可表示为

$$M_p = F(l+s) \tag{3-12}$$

式中,M_p 为探针对粒子的推动力矩,F 为 AFM 探针的推动作用力,l 为粒子中心线上推动点所在直线与接触平面中心的距离,s 是旋转中心与接触平面中心的距离。

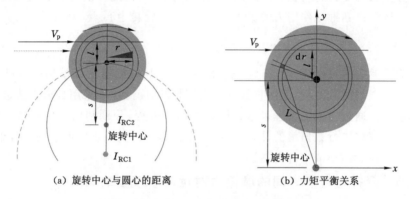

(a) 旋转中心与圆心的距离   (b) 力矩平衡关系

图 3-2 纳米颗粒接触面力矩分析

纳米粒子与基底接触平面上任一单元点的摩擦力为 f,如第二章所述,f 由库仑摩擦力 f_c 和黏滞摩擦力两部分构成,且后者是速度的函数,故能够得到下列关系表达式:

$$f = f_c + cV \tag{3-13}$$

$$V = L \cdot \omega \tag{3-14}$$

$$\omega = \frac{V_p(l+s)}{R_1^2 - l^2 + (l+s)^2} \tag{3-15}$$

$$L = \sqrt{(s + r\sin\theta)^2 + r^2\cos^2\theta} \tag{3-16}$$

式中,V 为单元点的运动速度,c 为黏滞摩擦力系数,L 为基底接触平面上的单元点与旋转中心间的距离;ω 是纳米颗粒匀速圆周运动的旋转角速度;V_p 是 AFM 探针的推动速度,r 为单元点到圆心的距离即等效圆环的半径,θ 为单元点与粒子中心水平面的夹角。

粒子在基底接触平面上所受到的摩擦力力矩为

$$M_{\text{fr}} = \int_0^{2\pi} \int_0^{R_1} f \cdot L \mathrm{d}r \mathrm{d}\theta \tag{3-17}$$

根据力矩平衡关系,纳米颗粒所受到的摩擦力矩 M_{fr} 与探针施加的推动力矩 M_{p} 相等,故

$$M_{\text{p}} = M_{\text{fr}} \tag{3-18}$$

根据表达式(3-12)~式(3-18)进行整理,得到探针推动作用力的表达式为

$$F = \frac{\int_0^{2\pi} \int_0^{R_1} (f_c + cL\omega) \sqrt{(s + r\sin\theta)^2 + r^2 \cos^2\theta} \, \mathrm{d}r \mathrm{d}\theta}{l + s} \tag{3-19}$$

由最小作用量原理可知,当 AFM 探针与纳米粒子接触不断施加推动力使其由静止状态变为运动状态的瞬间,其作用力最小,因此可以对表达式(3-19)进行微分运算得到推动作用力的最小值,从而确定旋转中心

$$\frac{\mathrm{d}F}{\mathrm{d}s} = 0 \tag{3-20}$$

通过对表达式(3-19)进行微分运算后,纳米颗粒的运动学模型方程就变成了一个复杂的微分方程,无法直接推导出解析解,因此本书采用数值方法进行模型的求解。通过将模型方程表达式拆分成两个方程,分别利用龙格库塔方法与蒙特卡洛方法进行数值解的计算,最终两个方程解的交点即为所求的方程解,求解过程将在后面小节中进行叙述。

3.2.3 探针与粒子之间的摩擦力对运动学模型的影响

第二章所建立的纳米粒子的运动学模型是在假设探针针尖与纳米粒子之间的摩擦力较小且可以忽略不计的情况下建立的。实际的纳米操作中,探针针尖与纳米颗粒表面均为非光滑表面具有一定的粗糙度[121]。探针与粒子之间是有摩擦力存在的,而且该摩擦力对纳米颗粒运动的合力的方向有一定影响,而合力方向决定操作中纳米颗粒的偏移角度,因此有必要对该摩擦力进行分析。本节分析了 AFM 探针的推力、探针与粒子之间的摩擦力进而分析了粒子受到的合力方向,在此基础上,利用前述已知的 AFM 推力方向计算粒子受到的合力方向,讨论该摩擦力对运动模型参数的影响。

图 3-3 是考虑探针与粒子之间摩擦力情况下纳米颗粒受力关系示意图,图中探针视为球形,与纳米粒子的接触点为 C 点,以速度 V_{p} 推动粒子,则 AFM 探针施加在粒子上的推动力 F_{p} 的作用方向为通过圆心的 CB 方向,粒子与探针针尖之间的摩擦力 f_t 的作用方向为探针与纳米颗粒之间接触点切线方向即 CA 方向,故粒子在探针作用平面所受到的合力 F 的方向为 CN 方向。若探针与纳米颗粒都是光滑表面时,则认为 f_t 基本为 0,因此粒子受到的作用力 F 与探针推力作用力 F_{p} 的方向一致,粒子的运动学模型如 3.2.2 节所述。但是实际情况

中探针和颗粒之间存在 CA 方向摩擦力,因此要进一步分析探针与粒子的相互作用情况。

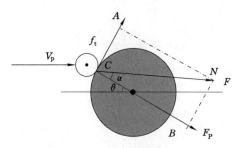

图 3-3　纳米颗粒受力关系

在纳米颗粒的运动学表达式中,粒子的旋转角速度 ω 是变量 s 的函数,在考虑粒子与探针之间的摩擦力之后,也应对 ω 与 s 的关系进行讨论,建立如图 3-4 所示的推动作用平面上各参量之间的相互关系。

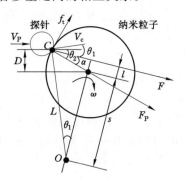

图 3-4　作用力与速度的关系

当探针以 V_p 的速度推动纳米粒子时对粒子施加通过圆心的推动力 F_p,探针和粒子之间存在切向摩擦力 f_t,故粒子所受到的作用力为二者的合力 F,在合力 F 的作用下粒子以 O 点为圆心以角速度 ω 进行转动。L 为粒子与探针接触点 C 到旋转中心 O 的距离,D 为接触点 C 到粒子圆心的垂直距离,s 为粒子圆心到旋转中心的距离,R 为探针作用平面的半径,l 为合力方向与粒子圆心的垂直距离,V_c 是粒子沿转动方向切线方向的速度,θ_1 为 V_c 与合力方向的夹角,θ_2 是过推动点 C 的水平线与通过圆心的推动力 F_p 之间的夹角,α 是推动力 F_p 与合力 F 之间的夹角。

由于在较小步长推动过程中,粒子的运动为匀速转动且探针始终与那里颗粒保持接触,故 V_c 与探针推动速度 V_p 在 F_p 方向上的分量大小是相等的,故存

在表达式

$$V_c \cos(\theta_1 + \alpha) = V_p \cos \theta_2 \tag{3-21}$$

$$V_c = L\omega \tag{3-22}$$

$$\omega = \frac{V_p \cos \theta_2}{L \cdot \cos(\theta_1 + \alpha)} \tag{3-23}$$

$$\cos \theta_2 = \frac{\sqrt{R^2 - D^2}}{R} \tag{3-24}$$

$$\tan \alpha = f_t / F_P = \mu \tag{3-25}$$

$$\cos \theta_1 = \frac{l+s}{L} \qquad \sin \theta_1 = \frac{\sqrt{R^2 - l^2}}{L} \tag{3-26}$$

综合整理上述表达式即可得到 ω 与 s 的关系表达式：

$$\omega = \frac{V_p \sqrt{R^2 - D^2}}{(l+s)R\cos \alpha - R^2 \cos \alpha \sin \alpha} \tag{3-27}$$

其中将 $\tan \alpha$ 定义为探针与粒子之间的接触摩擦力系数 μ，它的值决定了推动力与合力之间的方向关系，因此该摩擦力系数对操作的结果具有一定的影响，在进行求解的时候必须对其进行标定。

根据上面的分析，纳米粒子中心的运动角速度与旋转中心之间的距离有关，且可以用表达式(3-27)进行求解，为了说明结果的正确性，下面通过两种特殊情况反证一下 ω 与 s 的关系：

(1) 第一种特殊情况，当 $\alpha = 0$ 时，即探针的作用方向恰好通过纳米粒子的圆心，此时探针的推动作用力即是粒子所受到的作用力，如图 3-5 所示，这种情况下参数 D、l、α 均为 0，表达式(3-27)则可简化为

$$\omega = \frac{V_p}{s} \tag{3-28}$$

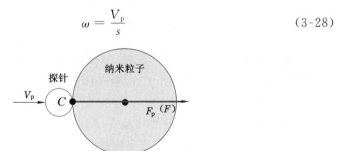

图 3-5　探针推动使纳米粒子平动

在这种情况下，纳米粒子将在探针的推动作用下沿推动方向做直线运动，而不会发生偏转，因此角速度 $\omega = 0$，s 则趋近于 ∞，即粒子的旋转中心在无穷远处，粒子平动。

（2）第二种特殊情况，当 $\alpha=90°$ 时，即探针与纳米颗粒的摩擦力系数无穷大且只在切向有摩擦力，此时粒子所受到的作用力与探针和粒子之间的摩擦力重合，探针与纳米粒子在水平方向上没有速度分量，如图 3-6 所示。

$$\omega \cdot (L\cos\theta_1\cos\alpha - L\sin\theta_1\sin\alpha) = 0 \tag{3-29}$$

将式（3-26）带入上式，可得

$$\omega \cdot \cos\alpha \cdot \left[(l+s) - R\sin\alpha\right] = 0 \tag{3-30}$$

这种情况下，$\alpha=90°$，$l=R$，纳米粒子在探针作用下进行原地转动，故在参数 s 趋近于 0 的情况下，表达式（3-27）则可简化为

$$\omega = \frac{V_P}{R} \tag{3-31}$$

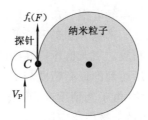

图 3-6　探针推动使粒子原地旋转

通过上述两种特殊的粒子运动情况可以证明，表达式（3-27）描述的 ω 与 s 的关系是正确的。

3.3　基于最小作用量原理的纳米颗粒运动学模型算法分析

3.3.1　运动学模型的算法分析

根据 3.2 节中所建立的操作模型，对于最终的微分方程公式（3-20）无法得到解析解，且又因为所求未知数旋转中心 s 所处的特殊位置使得我们无法找到一种方法可以直接求解模型，因此对于公式（3-20）进行化简拆分得到如下两个公式：

$$\frac{\mathrm{d}y}{\mathrm{d}s} = \frac{y}{l+s} - \frac{(4\pi cV_P sR)(l+s)}{R^2+s^2+2sl} + \frac{4\pi cV_P\left(s^2R+\frac{1}{3}R^3\right)(s+l)^2}{(R^2+s^2+2sl)^2} \tag{3-32}$$

$$y = \int_0^{2\pi}\int_0^{R_1} f_c\left(\sqrt{s^2+r^2+2sr\sin\theta}\,\right)\mathrm{d}r\mathrm{d}\theta \tag{3-33}$$

在考虑探针与纳米颗粒之间的摩擦力后，根据 3.2.3 节的分析结果，表达式（3-32）应变为

$$\frac{\mathrm{d}y}{\mathrm{d}s} = \frac{y}{l+s} - V_pc\sqrt{R^2-D^2}\times$$

$$\frac{4\pi R_1 s\left[(l+s)^2 - R(l+s)\sin\alpha\right] - \left(2\pi R_1 s^2 + \frac{2R_1^3}{3}\pi\right)\left[2(l+s) - R\sin\alpha\right]}{R\cos(\alpha)\left[(l+s)^2 - (l+s)R\sin\alpha\right]^2}$$

上述的微分方程式和积分方程式都是复杂的方程式，依然无法得到解析解，所以在本书的研究中利用数值方法分别求出两个方程式对应的数值解，从而确定纳米颗粒旋转中心与圆心的距离参数 s 的数值。

3.3.2　运动学模型的求解

龙格库塔法在数值分析中是用于非线性常微分方程求解的一种迭代方法，它在工程上应用的较为广泛，而且是一种高精度的单步算法，能够实现对误差的抑制作用，其基本思想是利用函数在某些特殊点上函数值的线性组合构造高阶单步法的平均斜率，从而求解微分方程。在积分区间内插入的点数越多，则计算的结果就会越精确，但是这样一来其算法的复杂度也会提高。所以根据实际情况选择最合适的算法，提高精度。当龙格库塔算法的阶数大于 4 时，虽然相应算法的复杂度增加了，但是其所达到的最高精度却不一定增加，因此四阶龙格库塔方法，也叫作标准龙格库塔法，由于其精度高、算法的复杂度在可接受范围使得四阶龙格库塔方法在工程领域上被广泛应用。本书利用四阶龙格库塔法对推导出来的纳米粒子运动学模型的微分方程部分进行求解，在判断算法是否收敛时采用增量函数是否符合李普希兹条件来评价。

微分方程是关于自变量 s 与因变量 y 之间的函数。表达式（3-32）的微分方程数值解法的基本步骤如下：

$$y' = f(s, y)$$

由初始位置 $s=0$，计算 $f(s_0, y_0) = K_1$。

（1）设步长 $h=1$，则 $s_1 = s_0 + h, s_2 = s_1 + h, \cdots, s_n = s_{n-1} + h$。

（2）初值 $f(s_0, y_0)$ 的值作为斜率，在步长区间 (s_n, s_{n+1}) 上取四点 $s_n, s_{n+a2} = s_n + a_2 h, s_{n+a3} = s_n + a_3 h, s_{n+a4} = s_n + a_4 h$。

（3）计算这四点处的斜率值 K_1、$K_2 = f(s_n + h/2, y_n + K_1 h/2)$、$K_3 = f(s_n + h/2, y_n + K_2 h/2)$ 和 $K_4 = f(s_n + h, y_n + K_3 h)$。

（4）对这四点斜率进行的加权平均来求取平均斜率 K^* 的近似值 K，将 $y(s_{n+1})$ 和 y_{n+1} 在 $s = s_n$ 处进行 Taylor 展开，使对应系数相等便得到 $y_{n+1} = y_n + h/6(K_1 + 2K_2 + 2K_3 + K_4)$。

四阶龙格库塔方法的局部截断误差达到 $O(h^4)$，且具备四阶精度可以满足计算的精度需求。若是对精度要求更高的话一般是不会采取更高阶次的龙格库塔法，而是缩小步长 h，更高阶次的龙格库塔方法就意味着计算复杂度更高，但是精度却不一定提高，所以选用经典的四阶龙格库塔方法就可以满足要求。

对于数值计算来说,龙格库塔方法的收敛性体现了该方法的截断误差对所计算得出的结果的影响。稳定性则和步长有关系,表示在计算时的舍入误差对结果的影响。判断龙格库塔方法的收敛性则可以根据判断其增量函数是否满足利普希茨条件。四阶龙格库塔方法的稳定性条件如下公式:

$$\left| 1 + \lambda h + \frac{1}{2!}(\lambda h)^2 + \frac{1}{3!}(\lambda h)^3 + \frac{1}{4!}(\lambda h)^4 \right| \leqslant 1$$

式中,λ 为常数,当 λ 为负数时可得 $0 < h < -2.78/\lambda$,这时候的四阶龙格库塔方法绝对稳定。

蒙特卡洛方法是一种以概率统计为指导的数值计算方法,它能够通过构造符合一定规律的随机数来解决问题。实际工程中常出现积分近似计算问题,但在很多情况下计算复杂难以求得解析解或没有解析解等问题都可以通过蒙特卡洛算法进行数值解的求解,故该方法是进行积分方程求解的有效手段。本书中建立的基于最小作用量原理的纳米粒子运动学模型中存在积分方程的求解,且该积分方程为二重积分,如表达式(3-33)所示,因此很难得到方程的解析解,故采用蒙特卡洛算法进行方程的求解。

表达式(3-33)的积分方程,利用蒙特卡洛方法求解时可分为如下几个步骤:

(1) 根据均匀分布在 $(0,R)$ 范围和 $(0,2\pi)$ 范围各生成 N 个随机数,则 r_i,θ_i 就是生成的第 i 个随机数。对于变量 s 则根据龙格库塔方法中的步长取值 s 为 $s_1 = s_0 + h, s_2 = s_1 + h, \cdots, s_n = s_{n-1} + h$。

(2) s 值依据步长逐步增加的,当 $s = s_i$ 时,将生成的 N 个随机数 r_i,θ_i 分别带入 $g(s,r,\theta)$ 中得到 N 个 $g(s)$ 的值。

(3) 对得到的 N 个 $g(s)$ 进行累加计算,并求取其平均值,这时得到 s_i 时的 y_i 值。

(4) 由于生成了 N 个随机数,当计算数量达到条件后停止程序。当 s 到达 s_n 后停止程序,这时就得到了关于 s 的 y 的值。

蒙特卡洛方法的误差与其他数值方法误差不同的是其误差为概率误差,减小误差的方法一个是选取方差最小的随机变量,第二个则是增加模拟次数。在本研究中利用增加模拟次数的方法减小误差。由于计算机计算时所消耗时间很短,虽然增加了模拟次数但是对试验中的计算速度的影响不大,反而比其他方法减小了计算时间。利用蒙特卡洛方法求解积分方程大大提高了运算速度,使求解模型中的旋转中心的程序运行时间缩短,减小了仿真时间的损耗。且其不受几何条件的限制,收敛速度与维数没有关系,编程是容易实现。所以在对方程公式进行求解时选用了蒙特卡洛方法来实现。

通过采用不同方法对运动模型的分解方程进行求解,得到对应的数值解,则

旋转中心 s 即为两个方程解的交集,求解过程的流程图如图 3-7 所示。输入数据为探针初始位置与纳米颗粒初始位置。对方程公式中的输入数据进行初始化,利用龙格库塔方法计算微分方程式中旋转中心 s 与 y 一系列离散点。再利用蒙特卡洛方法得到积分方程式的 s 与 y 之间的一系列离散点,求两方程的交点,即为旋转中心 s。

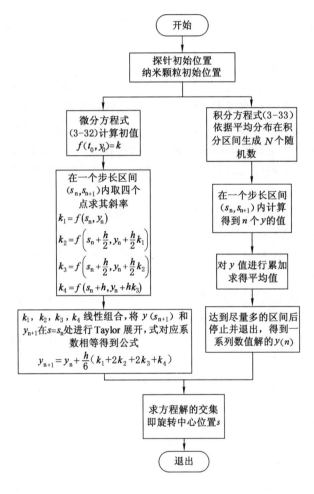

图 3-7　求解旋转中心算法流程图

运动学模型中旋转中心 s 的求解是根据模型预测推动后纳米粒子所在位置的最主要参数,如前所述,在微小步长作用下视粒子运动为匀速圆周运动,则其旋转中心位置不变,根据 s 的值可估算操作后粒子的位置得到下一步长探针与粒子的接触点,这样迭代计算即可预测多步长操作后的操作结果,即纳米粒子的运动轨迹。

3.4　基于最小作用量原理的纳米颗粒运动学模型仿真分析

3.4.1　运动学模型参数的标定

为了求解所建的运动学模型,则必须已知模型中的相关参数,这些参数可以通过实验手段和仿真方式进行标定。表达式(3-32)和式(3-33)中的参数 V、R、d 等参数是关于探针的作用参数的,可以在纳米操作前进行参数的设置,而摩擦力的相关参数 f_c、c、和 μ 则需要借助于实验和仿真才能得到其数值。在本书的第二章内容中,已介绍了参数 f_c、c 的标定方法,这里就不在叙述。参数 μ 是黏滞摩擦力系数的比值,在实验中难以进行直接标定,本书通过仿真与实验结果的对比对其进行相应的标定。

具体过程为:在同样的操作参数及条件下,设置不同的探针作用点与粒子中心的间距 d,不同的推动距离 l,将仿真结果和实验推动结果进行记录和统计,并根据实验结果对 μ 的值进行微调,使仿真结果与实验结果相匹配,仿真结果如图 3-8 所示。

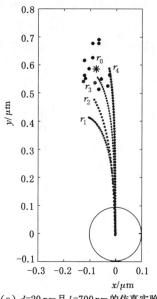
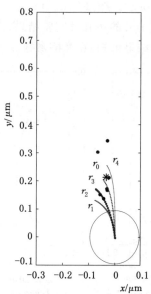

（a）d=20 nm 且 l=700 nm 的仿真实验结果　　（b）d=80 nm 且 l=700 nm 的仿真实验结果

图 3-8　不同参数 μ 的仿真与实验结果

　　仿真与操作实验的探针推动速度，探针初始作用点的位置等参数都相同，图 3-8(a)是 $d=20$ nm，$l=700$ nm 情况，(b)是 $d=80$ nm，$l=700$ nm 的情况。针对两种参数的设置情况分别推动操作 20 次，并将操作后纳米颗粒的位置记录下来，统计结果画到图 3-8 中，如图中黑色小圆点所示。统计过程中由于纳米环境下的不确定因素等原因造成一些操作结果存在异常现象（如粒子的位移远远小于推动距离），这些异常结果不应该计入统计结果，故在图中已经将其剔除。图 3-8 中圆圈表示纳米粒子，坐标原点是纳米粒子初始位置的圆心，图中五个彩色圆点对应不同 μ 参数值情况下基于运动模型的纳米粒子位置的仿真结果，其中 $r_1=0.11$、$r_2=0.13$、$r_3=0.15$、$r_4=0.17$，星形点 r_0 是实验数据的均值，故将其作为评价 μ 参数值是否合理的依据。图中粒子圆心至各不同 μ 取值对应的仿真操作结果的曲线即为粒子的仿真运动轨迹。在图 3-8(a)中可以看出，在四个不同的 μ 仿真结果，r_3 和 r_4 更接近于评价结果 r_0，且操作实验的统计结果表明在 r_3 和 r_4 附近的操作结果分布的较多。图 3-8(b)中同样也是 r_3 值与 r_0 最近，图中实验统计结果数据较少且较为分散的主要原因是因为本组实验设置的单步操作步长相对来讲设置较大，因此造成推动过程中更有可能发生粒子与探针失去接触的情况，从而造成操作结果异常。为了证实选择 $r_3=0.15$ 作为模型中的摩擦参数是否正确，以不同实验结果进行进一步验证。结果统计及仿真实验情况如图 3-9 所示。图 3-9(a)、(b)、(c)是 $d=20$ nm，但 l 取值分别为 800 nm、600 nm、400 nm 的仿真及实验结果，图(d)是 $d=80$ nm，$l=600$ nm 的仿真及实验结果。由结果可知，在摩擦参数 $\mu=0.15$ 的取值情况下，所建立的基于最小作

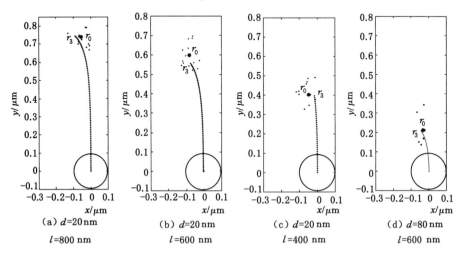

图 3-9　$\mu=0.15$ 情况的仿真及实验结果

用量原理的纳米粒子运动学模型确定的操作后粒子中心位置与多次操作的实验结果的均值误差比较小，且仿真结果处于实验结果分布比较密集的区域，说明标定的 μ 是有效的。

3.4.2　运动学模型的仿真

根据上述参数的标定值和模型的求解过程，本书采用 Matlab 程序实现对纳米粒子操作过程的仿真，并建立了仿真窗口界面，如图 3-10 所示。

图 3-10(b)所示的仿真窗口左侧为操作参数的设置界面，包括设置纳米粒子和探针的初始位置参数，推动步长、推动距离及摩擦力参数 μ。窗口右侧是对应的仿真结果，其中上图是每一个步长操作后对应的模型估算出来的粒子中心位置，为了便于观察，采用拟合曲线的方式进行运动轨迹的拟合，如图 3-10(a)所示。在曲线拟合过程中需要对拟合的残差范数进行计算，选取数值最小的作为最终的拟合结果。图 3-10(a)是 600 nm 推动距离情况下的三种运动轨迹拟合结果，分别对应一元一次，一元三次，一元五次三种曲线类型，其对应的残差范数分别为 0.131 4，0.022 6，0.002 4，故生成拟合图界面上采用残差范数最小的一元五次曲线作为拟合结果。

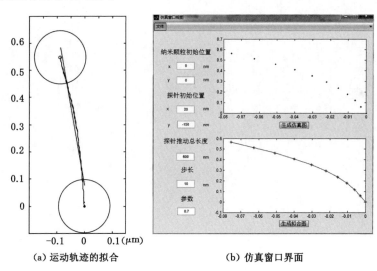

(a) 运动轨迹的拟合　　　　　(b) 仿真窗口界面

图 3-10　拟合运动轨迹和操作界面

3.5 本 章 小 结

本章在最小作用量理论的基础上,提出了 AFM 推动纳米颗粒时其旋转中心一定在垂直于推力方向且过圆心的中心线上,并对该结论进行了证明,在此基础上建立了基于最小作用量的纳米粒子运动学新模型。由于实际操作过程中探针与纳米粒子之间存在摩擦力,因此对纳米粒子进行了受力分析,讨论了模型中重要参数 s 和 ω 的关系,对所建模型进行了更新。针对所建立模型方程难以求解的问题,采用龙格库塔和蒙特卡洛两种数值分析方法分别进行了等效方程式的求解,最终获得预测纳米粒子位置的参数 s 的数值解,通过仿真手段对模型中的参数进行了标定,仿真结果表明所建立的基于最小作用量的纳米粒子运动学模型能够可靠预测操作后粒子的位置。

第 4 章   纳米操作的不确定性因素研究

实际纳米操作系统中存在迟滞、蠕变、温漂等现象,使得操作系统中存在着诸多不确定性因素,这些不确定性因素会直接影响纳米操作结果。系统温漂不确定性不仅使纳米物体的实际位置偏移其初始成像位置,还影响探针的定位精度。由于探针在 AFM 成像和操作过程中会产生磨损,因此探针形貌存在不确定性,不仅进一步扩大了探针成像的展宽效应,而且探针磨损还会造成探针与粒子接触点所在的探针平面上移,影响运动学模型中的参数。迟滞蠕变因素导致探针的定位存在着不确定性,难以使探针精确定位到设计的作用点,导致被操作物体与探针存在位置误差,造成纳米操作的失败。针对纳米环境下的这三种不确定性,本书采用不同的方法进行了不确定因素的补偿与估算,即采用基于局部扫描的方法对温漂进行实时补偿,采用基于数学形态学的方法对探针形貌进行估算,采用基于路标的探针定位方法,利用 Kalman 滤波器对探针的位置进行实时估算,得到相应的仿真结果表明本书提出的解决方法能够有效地降低系统不确定性因素的影响。

4.1   系统温漂补偿方法研究

4.1.1   系统温漂对纳米操作的影响

纳米操作系统中 AFM 探针和基底之间存在温漂偏移,其原因是温、湿度变化等因素导致的机械系统中部件伸缩效应而产生的相对漂移。传统的解决方法是对 AFM 运行环境的温度和湿度进行严格控制,让其保持在同一条件下,通常的做法是让 AFM 开机扫描数个小时,克服由机械部件伸缩变化引起的温度漂移。这种方法不能有效消除温漂的影响,因此有研究者提出使用基于模型的补偿方法,如 Kalman 滤波[122]和神经网络[123],但这些方法的效果取决于模型参数的精确性,然而通过实验也不容易获得精确的参数,因此很难采用这些方法精确地补偿温漂的偏移。

基于 AFM 的纳米操作是以预先扫描的图像作为先验知识来指导操作的,但由于 AFM 操作系统的温度变化、机械结构和各部件的热膨胀系数等因素的影响,纳米物体的实际位置相对于初始成像会随时间发生漂移。图 4-1 是纳米颗粒连续扫描图,(a)、(b)两图的成像时间间隔为 9 分钟,图 4-1(c)为两者的叠加图像,结果表明纳米颗粒在扫描过程中向右、向上漂移,这种漂移对基于初始视觉信息指导的纳米操作影响是非常严重的,难于实现较高的控制精度,因此必须对温漂不确定性进行补偿。

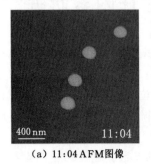 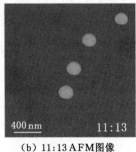 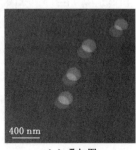

(a) 11:04 AFM图像　　　　(b) 11:13 AFM图像　　　　(c) 叠加图

图 4-1　纳米粒子连续扫描图

4.1.2　基于局部扫描的实时反馈温漂补偿方法

为了提高操作效率,在纳米操作中可采用局部扫描策略完成操作空间的信息更新。局部扫描就是通过简单的几条扫描线,完成对纳米物体的快速实时观测。图 4-2 是应用局部扫描策略进行纳米粒子扫描的示意图,(a)图是纳米粒子扫描的示例,两条扫描线(水平扫描与垂直扫描)即可确定其位置。图 4-2(b)中第 1 条扫描线沿着 L_1 进行扫描,扫描线与粒子的边界形成两个交点 P_1 和 P_2,与 P_1P_2 的连线垂直且过其中点再次进行扫描,扫描线 L_2 与颗粒的边界形成另外的两个交点 Q_1 和 Q_2,那么颗粒实际中心位置 O 就在 Q_1 和 Q_2 的中点处。通过将该颗粒作为参考路标,就可以标定图像漂移后的新位置。由于仅需要两条线就能唯一确定纳米颗粒的位置,因而局部扫描通常在几十毫秒内完成,从而实现参考路标的实时观测。

针对温漂不确定性,本书提出基于局部扫描的温漂补偿方法,其基本原理是将扫描图像上的某特征点设置为路标,在操作过程中通过局域快速扫描方式来实时获取路标在图像中的位置变化,实现温漂的检测,并通过坐标变化的方式,将该温漂位移补偿到操作控制量上,从而达到操作过程对系统温漂的补偿。图 4-3(a)是预先扫描的一幅图像,由于存在系统温漂,通过连续扫描确定在任务空间中该图像的位置将向右上角漂移,将图中的纳米粒子 P_1 确定为路标。图 4-3(b)是观测纳米粒子 P_1 的两条快速扫描线,通过局部扫描粒子 P_1,可以获得温漂的补偿位移为 X 方向 97 nm、Y 方向 141 nm,将其补偿到前一刻扫描的

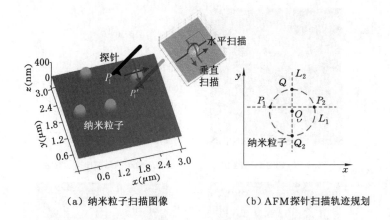

（a）纳米粒子扫描图像　　　　　（b）AFM探针扫描轨迹规划

图 4-2　局部扫描策略示意图

图像上,如图 4-3（c）中黑色部分所示,则可以得到校正后的该时刻图像。图 4-3（d）是重新扫描的 AFM 实际图像结果,将（c）、（d）两图比较可以看出,补偿后图像校正的结果与重新扫描的图像相一致,验证了以纳米颗粒作为参考路标,采用局部扫描方法进行温漂补偿的有效性。

　　根据上述基于局部扫描的温漂补偿方法,构建了基于局部扫描的实时操作反馈策略,该策略通过在操作过程中不断应用局部扫描策略确定纳米颗粒的真实位置,并对系统存在的温漂进行补偿,将更新后的位置信息进行反馈来修正粒子在视觉反馈界面中位置,从而实现对操作粒子的实时跟踪,保证纳米粒子能够被操作到期望的位置。由于纳米颗粒的位置状态可由它的中心位置和半径决定,且纳米颗粒的半径可通过预扫描图像获取,因此在操作中只需要确定纳米颗粒的中心位置便能得到它在操作空间中的真实位置。图 4-4 是采用本书方法进行的纳米粒子推动实验结果图。

　　图 4-4 为具有实时反馈导向的任务空间进行纳米操作的示意图。图 4-4（a）中 O_o 代表操作前某一时刻纳米颗粒发生的位置,O_m 代表操作后在视觉反馈界面中显示的纳米颗粒模型位置,粗箭头代表纳米颗粒被操作的方向;由于模型的不确定性,在操作过程中纳米颗粒的真实位置与视觉反馈现实的位置并不一致,实际中心位置在图中的 O_a 点。为了获取 O_a 的位置,需要先沿着推动方向 l_0 扫描,如纳米颗粒没有被发现,扫描线再沿着与 l_0 平行的方向上,且与其间隔为 $2R/3$ 的 l_1 或 l_2 线进行扫描,直到纳米颗粒被发现,此时扫描线和颗粒的边界形成两个交点;通过这两个交点的中点,再沿着 l_4 扫描线（垂直于 l_0,l_1 与 l_2）进行扫描,与纳米颗粒的边界形成另外两个交点,则这两个交点的中点就是实际纳米

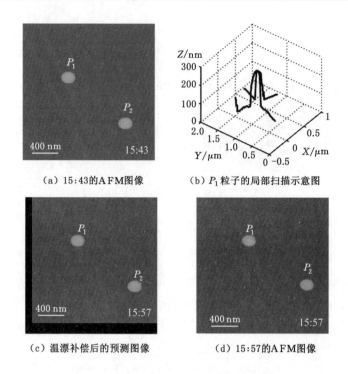

(a) 15:43的AFM图像　　　　(b) P_1 粒子的局部扫描示意图

(c) 温漂补偿后的预测图像　　　　(d) 15:57的AFM图像

图 4-3　基于局部扫描的温漂补偿示意图

颗粒的中心位置 O_a。图 4-4(b)是显示局部扫描时扫描纳米颗粒不同位置时的 3D 仿真图。图 4-4(c)～(f)显示了采用局部扫描方法进行纳米操作的视觉反馈过程,图 4-4(c)是操作前的纳米颗粒分布图,箭头方向表示纳米颗粒 P_0 的推动方向;图 4-4(d)是纳米颗粒 P_0 推动后的期望位置 P'_0,即未采用局部扫描时实时视觉反馈界面显示的粒子位置;图 4-4(e)是纳米颗粒 P_0 在推动后,通过局部扫描方法实时反馈后获得的更新位置 P''_0;图 4-4(f)是纳米颗粒推动后重新进行 AFM 扫描后纳米粒子的实际位置;将视觉反馈界面图 4-4(e)和 AFM 扫描图图 4-4(f)相对比,可以看出纳米颗粒 P_0 的位置是一致的,验证了基于局部扫描实时反馈操作策略的有效性。

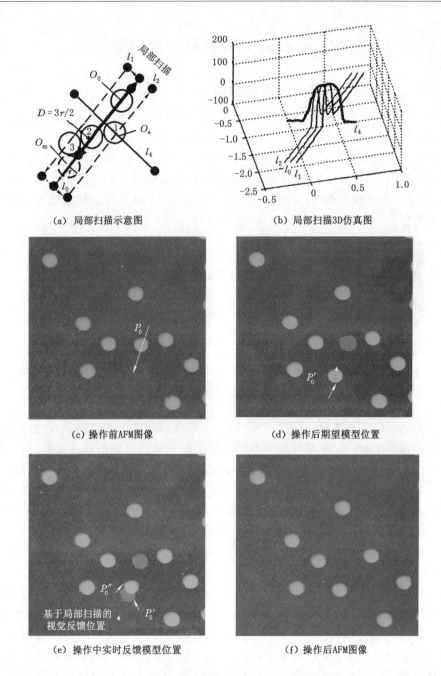

(a) 局部扫描示意图　　　　　　　　(b) 局部扫描3D仿真图

(c) 操作前AFM图像　　　　　　　　(d) 操作后期望模型位置

(e) 操作中实时反馈模型位置　　　　　(f) 操作后AFM图像

图 4-4　具有实时反馈导向的任务空间 AFM 纳米操作

4.2　探针形貌估算方法研究

4.2.1　探针形貌对纳米操作的影响

纳米操作环境中的操作工具(探针)与操作对象是纳米操作中的基本要素,然而环境建模中,由于受到探针针尖展宽效应的影响导致操作对象的成像宽度大于其真实宽度[124]。图 4-5 是对同一纳米结构分别进行 SEM 成像和 AFM 成像的结果图,其中图 4-5(a)的 SEM 图像结构边缘清晰,相对来讲图 4-5(b)的 AFM 图像边缘较为模糊,两幅图像对比可以看到 AFM 探针的展宽效应对成像结果的影响。

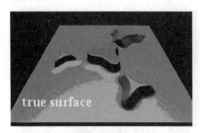 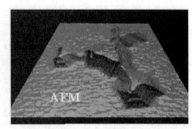

(a) SEM 图像　　　　　　　　　(b) AFM 图像

图 4-5　纳米结构的 SEM 图像与 AFM 扫描图像

如果不能获取精确的探针针尖形貌,将很难降低探针形貌展宽效应对操作对象成像的影响。由于环境模型中探针与操作对象的形貌都存在误差,因此很难准确预估探针与操作对象的空间位置关系,这将会大大阻碍有效的纳米操作。此外,AFM 对纳米物体的操作是在对纳米物体进行成像的基础上,通过规划探针的推动作用点来实现的,若探针的形貌不确定则直接导致纳米物体的 AFM 图像存在不确定性,从而影响纳米操作的精度与操作效率。

崭新的 AFM 探针其针尖比较尖锐,如图 4-6 所示。(a)图是一根新探针的 SEM 图像,(b)图是针尖的放大图,用其进行扫描的时候展宽效应比较小,因此扫描的图像更接近于操作对象的真实情况,用其进行操作的时候探针与被操作物体之间的定位精度相对较高,因此新探针往往能得到较好的操作结果。然而,AFM 探针的磨损率较高,图 4-6(c)中的是在简单进行几次扫描与推动操作之后,得到探针针尖的图像,明显看出除了针尖有较大的磨损外,针尖上也容易粘到其他杂质。用磨损后的探针进行扫描和操作,无论从成像质量还是探针与被操作物体之间的定位精度都会有较大下降。此外,探针与纳米物体的接触位置对操作结果也会有影响,如果无法判断探针的磨损程度,将会影响纳米物体运动学模型对操作后物体位置的预测结果,因此探针针尖形貌的不确定性是影响纳米操作的主要因素之一,应对其进行精确形貌的估算。

  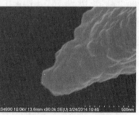

　(a) 操作前AFM探针整体图　　　(b) 操作前AFM针尖局部图　　　(c) 操作后AFM针尖图像

图 4-6　操作前与操作后 AFM 探针的 SEM 图像

4.2.2　基于数学形态学的探针形貌估算研究

利用 AFM 扫描样品得到样品的表面形貌图像,在这个操作过程中会因为探针针尖形貌与样品表面之间的卷积作用,使获得的 AFM 图像不能正确显示样本信息,这不仅会影响成像质量,而且在纳米操作时会影响探针与被操作对象的接触点位置,进而影响推动力的作用方向,造成操作结果不稳定,因此在进行纳米操作前应对探针进行形貌的估算,并对 AFM 的扫描图像进行重构,从而消除探针形貌不确定性对纳米操作的影响。

如前所述,未估算前,通过探针针尖形貌和样品表面的膨胀运算生成的 AFM 样本高度图有明显的失真。在已知探针精确形貌的前提下,可通过反卷积运算消除失真[125],但探针精确形貌很难获取。针对针尖形貌的建模,一些研究者用 SEM 对探针针尖成像,该方法能获得较为精确的形貌但难以获取对应的三维形貌[126]。此外,另一种常见方法是通过对某些特定样品进行扫描,根据扫描结果建立探针模型。Keller 扫描已精确标定的参考表面,据此建立探针形貌[127]。Villarrubia[128-130]扫描尖锐变化的参考表面并用盲建模算法获取针尖模型。Hosam G. Abdelhady[131]通过扫描规则的金纳米颗粒材料进行探针形貌建模。D. Tranchida[132]分析和研究了成像中的噪声因素和采样分辨率对探针针尖建模的影响,提出了合理的扫描参数设置方案。随后,还有人研究使用 InAs岛[133]和聚苯乙烯纳米球等[134]作为参考样品的探针建模方法。

本书利用数学形态学的方法通过对规则的聚苯乙烯纳米颗粒进行样本标定来估算探针形貌,图 4-7 是对应的探针形貌建模示意图。图中点虚线代表探针的实际形貌,假设聚苯乙烯纳米小球为规则的圆形,用点划线表示其形状,球形的探针用长虚线表示,用球形的探针去扫描圆形的纳米颗粒对应的扫描线用实线表示,图中细短虚线表示探针的映像,最终通过估算得到探针形貌的估算结果,即图中的短粗虚线。本书的探针形貌估算主要通过数学形态学中的膨胀运算和腐蚀运算实现的,过程如下:第一步用膨胀运算进行探针对圆形纳米颗粒扫描线的数学描述(公式 4-1);然后根据扫描线中蕴含的探针形貌,采用腐蚀运算[135](公式 4-2 描述)估算探针形貌。上述过程也可以认为是用已知形状的纳米颗粒描述探针针尖后,再估算探针针尖形貌。

$$i(x) = \max_{(x')}[s(x') - t(x' - x)] \qquad (4\text{-}1)$$

$$t'(x) = \min_{(x')}[i(x + x') - s(x')] \qquad (4\text{-}2)$$

式中,i 表示经过探针扫描后的纳米粒子图像,s 是规则纳米颗粒的形貌,t 是通过扫描图像确定的探针针尖形貌,x 是扫描图像中任意点的位置,x' 是纳米颗粒表面形貌上任一点的位置,t' 是估算的探针针尖形貌。由公式可以看出,为了获得纳米颗粒表面形貌上任一点的 AFM 扫描值,首先确定纳米颗粒在该点的真实形貌,然后以该点与扫描图中任一点的差为变量确定扫描图探针针尖形貌,两者之差的最大值即为该点形貌。而探针针尖形貌估算的结果是由纳米颗粒的扫描形貌与规则纳米颗粒在任一点形貌之间的最小差值决定的。

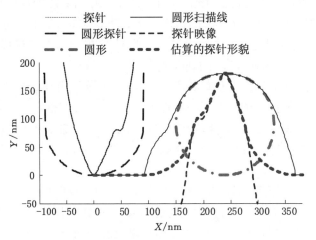

图 4-7 探针针尖建模示意图

探针形貌标定常采用标定薄膜,但该样本的表面起伏变化较大且存在图像噪声,因此本书采用 Poly 公司生产的具有规则球形结构的聚苯乙烯纳米颗粒作为样本进行探针形貌的标定,对该样品的 AFM 扫描图像使用前述的数学形态学的腐蚀运算标定探针针尖形貌,具体的估算流程如下:

(1)制作标定样品。本书进行 AFM 探针形貌估算的时候采用聚苯乙烯纳米粒子,首先需要对粒子进行样本的制备。纳米粒子要沉积到表面较为平滑的基底上,因此选择未被使用过的 CD 表面作为样本基底。此外,为了使粒子固定到基底上,防止扫描过程中探针带动粒子运动,无法成像,因此需要采用 $MgCl_2$ 溶液对基底进行处理,最终得到符合成像要求的标定样本。

(2) 样本的 AFM 成像。使用探针对样品表面扫描成像,扫描范围设置为 $2~\mu m \times 2~\mu m$,像素分辨率设置为 256×256。为了对纳米颗粒进行标定,首先需要将扫描图像进行二值化处理,然后计算纳米粒子的重心确定其中心位置,根据所购样本的半径范围设定半径的上界,当样本周围矩形区域的边长超过 2 倍的半径上界时,这个范围即定义为一个标定基平面的区域。图 4-8 中的矩形框是涵盖了多个像素点的纳米颗粒基平面。

(3) 样本纳米颗粒直径的估算。应用第二步构造的基平面,进行纳米颗粒直径的计算,即纳米颗粒顶部到基平面的最大距离。

构造基平面方程的一般表达式为:

$$z = a_0 x + a_1 y + a_2 \tag{4-3}$$

平面方程拟合过程如下:

对于一系列的 n 个点 $(n \geqslant 3)$:(x_i, y_i, z_i),$i = 0, 1, \cdots, n-1$

要用点 (x_i, y_i, z_i),$i = 0, 1, \cdots, n-1$ 拟合计算上述基平面方程,使下述误差 S 最小:

$$S = \sum_{i=0}^{n-1} (a_0 x + a_1 y + a_2 - z)^2 \tag{4-4}$$

要使得 S 最小,应满足:$\dfrac{\partial S}{\partial a_k} = 0$,$k = 0, 1, 2$

即:

$$\begin{cases} \sum 2(a_0 x_i + a_1 y_i + a_2 - z_i) x_i = 0 \\ \sum 2(a_0 x_i + a_1 y_i + a_2 - z_i) y_i = 0 \\ \sum 2(a_0 x_i + a_1 y_i + a_2 - z_i) = 0 \end{cases} \tag{4-5}$$

$$\begin{cases} a_0 \sum x_i^2 + a_1 \sum x_i y_i + a_2 \sum x_i = \sum x_i z_i \\ a_0 \sum x_i y_i + a_1 \sum y_i^2 + a_2 \sum y_i = \sum y_i z_i \\ a_0 \sum x_i + a_1 \sum y_i + a_2 n = \sum z_i \end{cases} \tag{4-6}$$

$$\begin{vmatrix} \sum x_i^2 & \sum x_i y_i & \sum x_i \\ \sum x_i y_i & \sum y_i^2 & \sum y_i \\ \sum x_i & \sum y_i & n \end{vmatrix} \begin{pmatrix} a_0 \\ a_1 \\ a_2 \end{pmatrix} = \begin{pmatrix} \sum x_i z_i \\ \sum y_i z_i \\ \sum z_i \end{pmatrix} \tag{4-7}$$

对上述线性方程组进行求解，即可得到基平面的参数 a_0,a_1,a_2。

再由点 (x_0,y_0,z_0) 到该平面的距离公式(4-8)估算纳米颗粒的直径。

$$d = \frac{|a_0 x_0 + a_1 y_0 - z_0 + a_2|}{\sqrt{a_0^2 + a_1^2 + 1}} \tag{4-8}$$

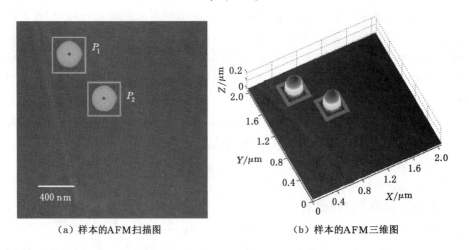

（a）样本的AFM扫描图　　　（b）样本的AFM三维图

图 4-8　纳米颗粒扫描图与三维图

（4）数学形态学腐蚀运算。针对探针针尖形貌的标定图像，采用基于数学形态学方法中的腐蚀运算估算探针形貌。由于样本扫描图中存在 2 个粒子，因此得到两个估算的探针形貌，如图 4-9(a)所示。因为只计算探针形貌的上界，故对二者计算并集，得到图 4-9(b)所示的探针形貌估算结果。

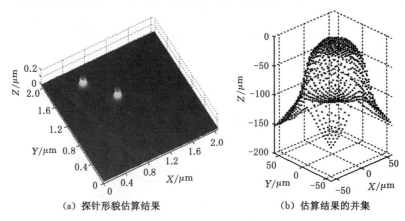

（a）探针形貌估算结果　　　（b）估算结果的并集

图 4-9　探针形貌估算结果与三维图

4.2.3　探针形貌估算对运动学模型的改进

在 AFM 推动纳米颗粒前,定位纳米颗粒与探针的初始位置,水平推动纳米颗粒。当探针与纳米颗粒发生接触即产生了力的作用,由前文的操作模型可以估算纳米颗粒推动后的位置。探针与纳米颗粒发生接触,接触点位置则决定了推力的方向,影响操作模型的准确性。文献[72]指出针尖顶峰角较小的探针更适用于操作。AFM 探针针尖可视为具有半孔径角 β 的圆锥体,新的探针针尖尖端半径较小,例如 MikroMasch 公司生产的 NSC15 型探针针尖半径小于 10 nm,半孔径角 β 约为 5。但随着扫描和操作的进行,针尖会逐渐磨损,故造成推动作用平面沿探针逐渐上移。若探针与粒子的推动接触点所在的探针平面半径相对粒子半径较小,则其对操作的影响可适当地忽略。但当作用点所在的探针平面半径相对较大时,将大大影响操作结果,因此在进行探针形貌估算后应对磨损后的探针对纳米粒子运动学模型参数的影响进行分析。探针接触粒子时的相互作用平面如图 4-10 所示,(a)图为侧向图,(b)图为俯视图。

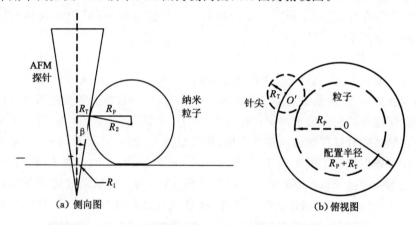

图 4-10　探针与粒子推动作用平面示意图

文献[136]对探针针尖与粒子半径之间的关系进行了分析,讨论了不同情况下粒子推动作用平面与针尖推动平面的半径计算公式,本书采用相同方法通过等式(4-9)和(4-10)对针尖和粒子的相互作用平面进行计算。

$$R_T = R_1 \cdot (1 + \sin \beta) \cdot \tan \beta + R_1 \times \frac{1 - \sin \beta}{\cos \beta} \qquad (4\text{-}9)$$

$$R_p = R_2 \cdot \cos \beta \qquad (4\text{-}10)$$

式中,R_T 为探针针尖在接触点所在平面的半径,R_P 为粒子的推动作用平面半径,R_1 为探针针尖尖端半径,R_2 为粒子半径。

由于操作过程中的探针磨损,造成 R_1 增大,从而使 R_T 相对于粒子半径不可忽略,因此在纳米粒子的运动学建模中,采用机器人控制的空间配置方法,在粒子推动作用平面半径的基础上增加针尖作用平面半径的尺寸,如图 4-10(b)所示,即在所建立的纳米物体运动学模型中,将探针作用平面的半径替换为 $R_p + R_T$,即可解决探针半径对操作结果的影响。

根据 4.2.2 节中的探针形貌估算方法可以对操作过程中的探针形貌进行估算,因此可以通过对探针作用高度的设置进行探针与粒子推动作用平面的确定,从而确定运动学模型中的相关参数。

4.3 探针定位估算方法研究

4.3.1 探针定位对纳米操作的影响

探针在任务空间中的定位一直是一个挑战性难题,PZT 驱动器的非线性和系统温漂是引起该难题的主要因素。另外纳米环境中其他不确定因素也会导致探针的定位存在误差,这种探针位置的不精确性是阻碍 AFM 有效观测与纳米操作的主要因素之一。

AFM 将探针作为终端执行器对任务空间中的感兴趣区域进行高分辨率观测与高精度操作,而 AFM 操作系统存在的不确定性因素造成探针的位置并不是确定在某一点,而是该点周围范围内的一个分布,并且该分布会随着探针的不断运动而逐渐增大。由于探针在任务空间中定位的不确定性存在,将严重阻碍探针在感兴趣目标区域内的精确定位,使得机器人"从 A 点运动到 B 点"最为基本的任务难以实现。图 4-11 是在 5 μm×5 μm 范围内,对纳米粒子进行长距离推动的实验前后 AFM 扫描图像。在推动操作前,为了降低系统温漂对实验结果的影响,已将 AFM 仪器进行了预热,并且从其他非操作纳米粒子两次 AFM

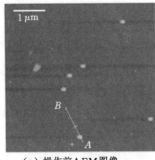

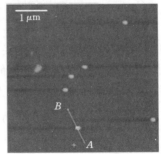

(a) 操作前AFM图像　　　　　　　　(b) 操作后结果图

图 4-11　纳米粒子长距离推动实验

图像的成像结果看,基本可以忽略系统温漂的影响。为了降低 AFM 探针形貌对操作结果的影响,在此次操作之前更换了一根新的探针,因此探针磨损对操作结果的影响相对也比较小。从两幅图像可以看出,AFM 探针的规划推动路径是从 A 点到 B 点,推动距离设置为 1.5 μm,如图中的斜线所示,(b)图是操作结束后进行的 AFM 扫描图像,纳米粒子并没有完成设定的运动路径,运动过程中粒子与探针相脱离,原因是探针存在定位误差,因此无法将探针作用到纳米粒子的中心线上,在运动过程中探针推动粒子做平移运动,直至探针与粒子相脱离。该实验过程说明了探针定位不确定性对纳米操作的影响。

4.3.2　基于路标观测的探针定位估算方法

针对探针定位不确定性问题,在参考宏观机器人作业采用的基于路标实时识别定位策略的基础上,研究提出了一种可行的基于纳米尺度路标标记实时观测方法,即采用快速局部扫描观测方法,在探针运动过程中对设置的路标进行连续观测,获取路标的位置信息,然后利用 Kalman 滤波算法实时估算探针的位置,提高探针定位精度。

为了便于变量的解释与说明,在基于路标观测的探针定位方法中建立了三个坐标系,即任务空间坐标系、图像坐标系和扫描坐标系,如图 4-12 所示。

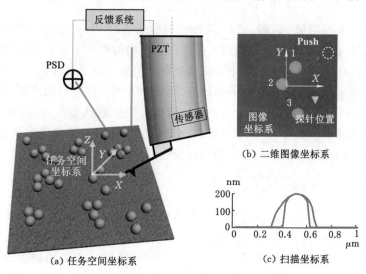

图 4-12　基于 AFM 的纳米操作系统的坐标系定义

在样品表面上建立任务空间坐标系,如图 4-12(a)所示,AFM 关于探针运动和操作的坐标全部定义在该坐标系中。任务空间坐标系的原点定义方式类似于宏观机器人的世界坐标系,可以定义在任意位置,通常我们定义在纳米操作相关的特征点上。该坐标系的 Z 轴建立在样品表面的高度上,X 轴与 Y 轴建立在纳米物体和纳米器件所在的平面上。

在 AFM 扫描的图像(地图)上建立二维图像坐标系,该地图将被映射在任务空间坐标系中的 X-Y 平面上,用于执行基于局部扫描路标观测的探针运动轨迹规划。为了简化探针运动模型的控制,坐标系的原点定义在扫描图像的中心,X 轴建立在扫描图像的水平方向上,如图 4-12(b)所示。

在探针局部扫描的高度轮廓线上建立扫描坐标系,如图 4-12(c)所示。该坐标系包含了局部扫描轨迹上各采样点相对于起始点的偏移距离和高度信息。在局部扫描线上的样品表面形貌信息作为路标观测的信号输出量,需要被观测模型进一步处理获得探针与路标之间的相对距离。

AFM 探针在 k 时刻的位置用 x_k 表示,该状态量在任务空间坐标系和图像坐标系中是二维矢量,将一系列探针位置的集合或轨迹表示为:

$$X_K = \{x_0, x_1, x_2, \cdots, x_k\} \tag{4-11}$$

AFM 探针在 k 时刻的控制量用 u_k 表示,该输入量是将探针状态量从 k 时刻转移到 $k+1$ 时刻的控制量,一系列控制量的集合可以表示为:

$$U_K = \{u_1, u_2, u_3, \cdots, u_k\} \tag{4-12}$$

式中的每一个控制量 u_k,即 AFM 探针的位移是通过 PI 模型,进行非线性补偿后的输入量,因为很难得到理想的补偿模型与精确的模型参数值,因此探针的位置不确定性在任务空间坐标系中会随着控制量的输入逐渐增加。

为了表示探针位置存在的不确定性,用概率方式对探针运动模型进行描述,如式(4-13)所示。x_{k+1} 用来表示 $k+1$ 时刻探针的位置状态量,探针在 $k+1$ 时刻的位置与两个参数有关,即探针现在时刻的位置是前一时刻位置状态和控制量的函数,除此之外,探针位置的误差分量也是决定现时刻探针位置的因素。

$$x_{k+1} = g(x_k, u_k) + w_{k+1} \qquad w_{k+1} \sim N(0, R_{k+1}) \tag{4-13}$$

$$w_{k+1} = w_{k\_h} + w_{k\_c} \tag{4-14}$$

式中,$g(*,*)$ 是探针运动模型的状态转移函数,w_{k+1} 是探针位置的扰动变量,其值是控制量 u_k 和 PZT 蠕变距离 d_k 的扰动随机变量的线性叠加值且符合正态分布,可用文献[137]中提及的实验方法进行标定,R_{k+1} 是二维协方差矩阵。

类似于宏观移动机器人,状态转移函数是探针前一时刻位置 x_k 和运动控制量 u_k 的线性叠加结果,u_k 是 PZT 非线性滞环模型补偿后的控制量。此外,由于 AFM 操作系统中存在蠕变和系统温漂,而温漂的不确定性已在本章的 4.1.2 节应用基于局部扫描构建的实时反馈对其进行了补偿,因此,在探针的运动模型中仅需考虑 PZT 的蠕变距离 d_k,故建立的探针运动模型如下:

$$g(x_k, u_k) = x_k + u_k + d_k \tag{4-15}$$

　　在进行纳米操作前,首先要对操作的区域进行扫描成像,获取操作的先验地图,然后将该地图映射到探针的操作空间坐标系中,在此基础上,才能规划探针运动路径进行纳米操作。采用路标观测的方法在探针运动过程中进行探针位置的定位,因此应该在探针运动前确定地图中的路标位置,并记录对应的路标位置信息。式(4-16)表示的是路标的集合,该集合是 N 个路标位置信息 m_j 的集合。

$$M_N = \{m_1, m_2, m_3, \cdots, m_N\} \tag{4-16}$$

$$m_j = m_{j,xy} + v_{map} \qquad v_{map} \sim N(0, Q_{map}) \tag{4-17}$$

　　每个路标位置信息 m_j 都是由该路标在任务空间坐标系中的位置 $m_{j,xy}$ 和该路标的误差随机变量 v_{map} 共同确定的,其中路标的随机变量就是作为路标的纳米粒子中心位置的误差分布,该分布是均值为 0,协方差为 Q_{map} 的正态分布,可通过实验手段标定。

　　为了保证纳米操作的实时性,采用局部扫描的方式进行路标的观测,扫描的示意图如图 4-13 所示,左侧是局部扫描的三维模拟示意图,右侧是局部扫描在 xy 平面坐标系统的示意图。所谓的局部扫描实际上就是通过两条相互垂直的扫描线,一条是水平方向即 $P_1 P_2$ 方向,一条是垂直方向即 $Q_1 Q_2$ 方向,由于作为路标的纳米颗粒是规则的圆形,因此这两条扫描线的交点即为纳米颗粒的中心位置。局部扫描方式通过两条扫描线即可快速确定纳米颗粒的位置,并以此为依据快速更新探针的位置分布情况。

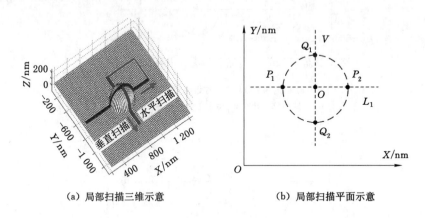

（a）局部扫描三维示意　　　　　（b）局部扫描平面示意

图 4-13　纳米粒子扫描示意图

　　由于探针在水平和垂直两个方向上对路标进行观测的过程是一致的,因此以水平方向上的观测过程为例,说明利用局部扫描方式估算探针位置的过程,如图 4-14 所示。估算的过程分为 4 步,首先如图（a）所示,在观测路标时,先将探

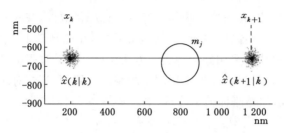

(a) 在水平方向上，从 x_k 到 x_{k+1} 的观测扫描

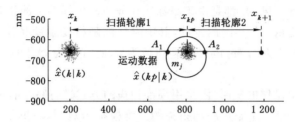

(b) 基于运动模型计算探针在纳米
颗粒中心 x_{kp} 位置上的分布

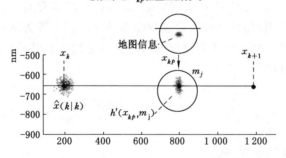

(c) 根据纳米颗粒中心在地图中的位
置估算探针在 x_{kp} 位置上的观测值

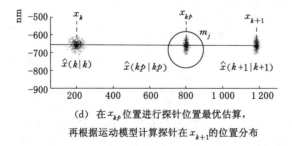

(d) 在 x_{kp} 位置进行探针位置最优估算，
再根据运动模型计算探针在 x_{k+1} 的位置分布

图 4-14　在水平方向上观测路标的过程

针在 k 时刻运动到纳米颗粒左侧,假设探针在该位置的分布状态为 $\hat{x}(k\mid k)$,然后水平向右局部扫描纳米颗粒,由运动模型得到探针在 $\hat{x}(k+1\mid k)$ 上存在误差较大的位置分布;同时根据扫描线上的观测信息,估算探针在水平方向上运动到纳米颗粒 (m_j) 中心 x_{kp} 的位置分布 $\hat{x}(kp\mid k)$,如图 4-14(b);再由观测模型对探针在该位置进行观测,得到观测值 $h(x_{kp},m_j)$ 后,对探针在该位置 x_{kp} 上使用基于 Kalman 滤波的方法进行更新,如图 4-14(c);然后估算探针在 $k+1$ 时刻的位置分布 $\hat{x}(k+1\mid k+1)$,如图 4-14(d)所示。

在执行一次局部扫描的路标观测中,该方法并不是直接在 x_{k+1} 位置上进行最优更新,而是先对探针在扫描轨迹中的路标位置上进行观测和更新,然后根据运动模型,对探针从路标位置 x_{kp} 运动到 $k+1$ 时刻的位置进行估算,得到位置不确定性降低后的位置分布 $\hat{x}(k+1\mid k+1)$。

路标观测过程中观测值十分重要,假设 z_{k+1} 是 $k+1$ 时刻的观测量,观测量 z_{kp} 是由观测函数和误差随机变量共同确定的,如式 4-18 所示。根据局部扫描的原理,观测函数 $h(*,*,*)$ 是探针在观测过程中从 x_k 运动到 x_{k+1} 的轨迹上得到的纳米颗粒中心位置 x_{kp},即 $h(*,*,*)$ 是 x_k、x_{k+1} 和 m_j 的函数。

$$z_{kp} = h(x_k, x_{k+1}, m_j) + v_{z,kp} \qquad v_{z,kp} \sim N(0, Q_{z,kp}) \qquad (4\text{-}18)$$

由于 AFM 探针在局部扫描过程中每次针对一个路标进行一次水平扫描,故只得到一个观测值,如果选取多个纳米颗粒作为路标,则每个路标的一次扫描均能获得一个观测值,从而得到观测值的集合,即 $Z_T = \{z_1, z_2, \ldots, z_T\}$。

探针在一次局部扫描中要完成水平和垂直两个方向上的观测,如图 4-15 所示,对于第 m_j 个纳米粒子的路标,探针在输入控制量 u_k 的作用下从 x_k 运动到 x_{k+1} 完成水平方向的局部扫描得到观测量 z_{k+1} 和探针在纳米颗粒水平中心 x_{kp} 位置上的分布,然后运动到中间点 x_{k+2},在输入控制量 u_{k+3} 的作用下从 x_{k+3} 运动到 x_{k+4} 完成垂直方向的局部扫描得到观测量 z_{k+4} 和探针在纳米颗粒垂直中心

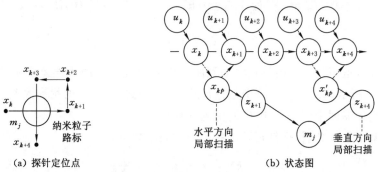

（a）探针定位点　　　　　　　　　（b）状态图

图 4-15　基于路标观测的探针定位状态图

x'_{kp} 位置上的分布,完成一次探针定位操作。

应用局部扫描的方法对纳米粒子的路标进行观测过程中,采用 Kalman 滤波方法对探针在 x_{kp} 的位置进行估算,具体的过程如下。

在进行探针位置估算前,首先应该获得路标的中心位置 x_{kp} 的精确位置,如图 4-16 所示。探针从 x_k 按水平扫描线扫描纳米颗粒至 x_{k+1} 位置结束,扫描过程中在扫描到路标时高度值发生变化,纳米颗粒的中心位置为高度最高的位置,因此,设定一个高度阈值线。扫描线与高度阈值线一定会有两个交点,设为 l_{ka} 和 l_{kb},而二者的中心点即为粒子的中心位置 x_{kp}。x_{kp} 点的高度用 l_{kp} 表示,则该点将水平扫描线分为两段即 l_{k1} 和 l_{k2},l_{k1} 是探针从初始位置 x_k 运动到粒子中心点位置 x_{kp} 的移动长度。

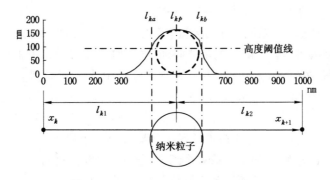

图 4-16 水平方向上路标扫描的观测线

由于作为路标的纳米粒子为规则的球形,因此用扫描线与高度阈值线的两个交点的中点确定路标中心的方法具有较高的准确性。若用扫描线上最高点作为粒子中心位置则其准确性相对较差,因此根据图 4-16 所示,l_{k1} 计算如下:

$$l_{k1} = \frac{1}{2}(l_{ka} + l_{kb}) + w_{k1} \qquad w_{k1} \sim N(0, R_{k1}) \tag{4-19}$$

$$w_{k1} = \frac{1}{2}(w_{ka} + w_{kb} + r_{ka} + r_{kb}) \tag{4-20}$$

式中,w_{k1} 是探针从初始位置移动到路标中心过程中的随机误差变量,其计算如式 4-20 所示。w_{ka} 与 w_{kb} 分别是探针从 x_k 运动到 l_{ka} 与 l_{kb} 的扰动误差。r_{ka} 和 r_{kb} 分别是计算两个交点 l_{ka} 和 l_{kb} 时引入的扰动。

基于上述分析,探针运动的状态模型表示如下:

$$\widehat{x}(kp \mid k) = x_k + l_{k1}^* \frac{x_{k,kp}^*}{\parallel x_{k,kp}^* \parallel} + w_{kp} \tag{4-21}$$

$$w_{kp} = w_k + w_{k1} \qquad w_{kp} \sim N(0, R_{kp}) \tag{4-22}$$

式中，l_{k1}^* 为 l_{k1} 的均值，$x_{k,kp}$ 是探针移动过程中的随机矢量，$\|x_{k,kp}^*\|$ 是模值，$x_{k,k1}^*/\|x_{k,k1}^*\|$ 是单位矢量，w_{kp} 是探针在初始位置的扰动 w_k 与探针在运动过程中的扰动 w_{k1} 的叠加量。

由于在 $k+1$ 时刻的路标观测是对探针在 x_{kp} 的位置观测，故探针观测模型为：

$$\widehat{z}(kp) = h(\widehat{x}(kp \mid k), m_j) + v_{z,kp} \quad v_{z,kp} \sim N(0, Q_{z,kp}) \tag{4-23}$$

式中，$v_{z,kp}$ 是路标观测模型的不确定性，主要是由路标位置误差、局部扫描线在不同位置扫描路标引起的误差以及扫描线偏移产生的误差，可以通过实验手段进行标定。

为了使用 Kalman 滤波进行估算，因此观测值可根据状态值进行推断，即

$$h(\widehat{x}(kp \mid k), m_j) = x(kp \mid k) \tag{4-24}$$

在局部扫描路标的过程中，探针在 x_{kp} 的实际观测值是路标在地图中的位置 $m_{j,xy}$ 探针当前位置的更新值 $h'(x_{kp}, m_j)$：

$$h'(x_{kp}, m_j) = R_\theta^T (S_x R_\theta m_{j,xy} + S_y R_\theta x_{kp}) \tag{4-25}$$

式中，$R_\theta \in R^{2\times2}$ 是扫描线坐标系和任务空间坐标系之间的局部扫描方向的旋转矩阵，S_x 和 S_y 是选择矩阵：

$$S_x = \begin{pmatrix} 1 & 0 \\ 0 & 0 \end{pmatrix}, S_y = \begin{pmatrix} 0 & 0 \\ 0 & 1 \end{pmatrix} \tag{4-26}$$

从观测模型的描述中可以看出一次局部扫描观测只能提供探针位置在一个方向上的更新，但水平观测结束后对垂直方向进行快速扫描观测，即可获取探针在两个方向上的位置分布。使用二维的先验图定义路标的位置，在观测路标时，两次局部扫描的方向与图像坐标系的水平和垂直方向相同，这样可以简化观测函数中的 R_θ 旋转矩阵表示。

观测路标过程中的不确定性主要有三个因素，即粒子中心位置的误差（v_{map}），扫描路标的不同位置引起的误差（v_{z_kp}）以及扫描线不同方向的误差（v_{z_θ}），可用文献[137]中的方法标定，这样就能得到路标观测的误差：

$$v_{z,kp} = v_{map} + v_{z\_kp} + v_{z\_\theta} \tag{4-27}$$

在 x_{kp} 位置上，基于上述的探针运动模型和观测模型，使用 Kalman 滤波算法对探针位置进行最优位置估算。

假设探针运动的输入控制量为 $u(k)$，在 x_{kp} 位置上由运动模型得到的预测值为：

$$\widehat{x}(kp \mid k) = g(\widehat{x}(k \mid k), u(k)) \tag{4-28}$$

$$P(kp \mid k) = \nabla g P(k \mid k) \nabla g^T + R(kp) \tag{4-29}$$

式中，P 是探针在 x 位置状态的协方差。若探针运动中没有执行局部扫描观测

路标,则探针位置的预测值 $\widehat{x}(k+1|k)$ 被认为是验后估算值 $\widehat{x}(k+1|k+1)$。

探针在 x_{kp} 位置的观测值和残差计算如下:

$$\widehat{z}_i(kp) = h(\widehat{x}(kp|k), m_j) \qquad i = 1, \cdots, N \qquad (4\text{-}30)$$

$$v_{ij}(kp) = [z_j(kp) - \widehat{z}_i(kp)] = [z_j(kp) - h(\widehat{x}(kp|k), m_j)] \qquad (4\text{-}31)$$

$$S_{ij}(kp) = E[v_{ij}(kp)v_{ij}^{\mathrm{T}}(kp)] = \nabla h P(kp|k) \nabla h^{\mathrm{T}} + Q_j(kp) \qquad (4\text{-}32)$$

式中,S 是局部扫描观测路标后的协方差矩阵。通过计算马氏距离: $v_{ij}^{\mathrm{T}}(kp)S_{ij}^{-1}(kp)v_{ij}(kp) \leqslant g^2$,设定一个阈值 g,执行路标的实时观测。在 x_{kp} 位置的最优估计:

$$W(kp) = P(kp|k) \nabla h^{\mathrm{T}} S_{ij}^{-1}(kp) \qquad (4\text{-}33)$$

$$\widehat{x}(kp|kp) = \widehat{x}(kp|k) + W(kp)v(kp) \qquad (4\text{-}34)$$

$$P(kp|kp) = P(kp|k) - W(kp)S(kp)W^{\mathrm{T}}(kp) \qquad (4\text{-}35)$$

基于 Kalman 滤波在 x_{kp} 位置进行最优估算后,根据运动模型,在 x_{k+1} 的计算:

$$x_{k+1} = x_{kp} + u_{kp} \qquad (4\text{-}36)$$

$$P(x_{k+1}) = P(x_{kp}) + R_{k+1} \qquad (4\text{-}37)$$

为了验证所提出方法的正确性,以纳米粒子为路标,分别对采用路标观测与未采用路标观测的探针定位方法进行了仿真。通过将基于路标观测和直接移动的探针定位仿真结果进行对比,来验证参数标定方法的合理性与基于路标观测的探针定位算法的有效性。

仿真中探针移动路径的规划步骤为:① 将探针移动到 x_0 初始位置;② 分别采用路标观测的方法和直接移动的方法控制探针从起始点 x_0 移动到目标点 x_8,通过对比两种路径下探针的位置误差分布来验证基于路标观测方法的有效性。

图 4-17 显示了探针从起始点 x_0 到目标点 x_8 的运动控制演示图。假设探针在起点位置 x_0 的初始分布一致,在没有观测路标的情况下,探针经由 x_{d_1} 直接移到 x_8(路径由虚线标识)。在基于路标观测的探针移动过程中,选择在目标位置附近的纳米颗粒作为路标进行观测和探针位置估算,第一步是将探针移到起始位置 x_0;第二步,探针从扫描区域中心 x_1 处移到位置 x_2;第三步,执行局部扫描(移动路径:$x_2 \rightarrow x_3 \rightarrow \cdots \rightarrow x_6$),观测纳米颗粒中心,使用观测模型在位置 x_6 进行最优估算;第四步,计算 x_6 到 x_8 的距离差,根据运动模型将探针移动到 x_8(移动路径:$x_6 \rightarrow x_7 \rightarrow x_8$)。该路径由图 4-17 中实线来标识。

图 4-18 显示了基于直接移动与路标观测的探针位置分布仿真结果。图中,点密集区域代表探针位置不确定性分布区域,区域面积越大,探针位置不确定性分布范围就越大。由图 4-18(a)和(b)对比可以看出,基于路标观测的探针定位路径下,探针在目标点 x_8 处的不确定性区域明显比直接移动策略下的小。根据仿真结果数据,得到的探针直接移动过程中 x_0、x_{d_1} 和 x_8 这三个位置的误差分

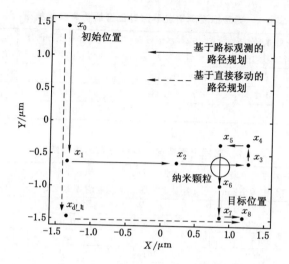

图 4-17 探针运动控制方式演示图

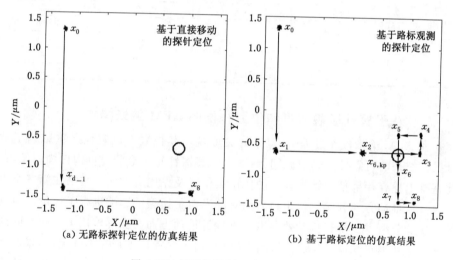

(a) 无路标探针定位的仿真结果 (b) 基于路标定位的仿真结果

图 4-18 探针位置误差分布仿真结果

布,以及探针基于路标观测过程中的 x_0、x_1、$\cdots$、x_8 这些位置的误差分布,结果如表 4-1、表 4-2 所示。表 4-1 显示了探针经 x_{d_1} 长距离从 x_0 直接移到 x_8,其位置误差的方差增加到约 20 nm。表 4-2 显示了探针通过观测米颗粒,从 x_0 移动到 x_8,其位置误差的方差缩小到约 10 nm。由此可以得出,在基于路标观测的探针定位方法中,探针位置分布的不确定性显著降低,证明了模型参数标定的合理性和基于随机方法的路标观测定位算法的有效性。

表 4-1　无路标观测情况下探针位置的仿真实验结果

探针位置	探针水平方向位置误差均值/μm	探针水平方向位置误差方差/μm	探针垂直方向位置误差均值/μm	探针垂直方向位置误差方差/μm
x_0	-1.245	1.316	0.013	0.016
x_d	-1.245	-1.381	0.013	0.021
x_8	1.031	-1.434	0.018	0.021

表 4-2　路标观测情况下探针位置的仿真结果

探针位置	探针水平方向位置误差均值/μm	探针水平方向位置误差方差/μm	探针垂直方向位置误差均值/μm	探针垂直方向位置误差方差/μm
x_0	-1.245	1.316	0.013	0.016
x_1	-1.245	-0.645	0.013	0.020
x_2	0.239	-0.7	0.016	0.020
$x_{3,kp}$	0.802	-0.701	0.006	0.020
x_3	1.22	-0.701	0.006	0.020
x_4	1.225	-0.407	0.006	0.020
x_5	0.804	-0.371	0.008	0.020
$x_{6,kp}$	0.771	-0.682	0.008	0.006
x_6	0.764	-0.985	0.008	0.006
x_7	0.761	-1.431	0.008	0.008
x_8	1.101	-1.471	0.009	0.008

4.3.3　基于探针形貌估算和位置补偿的 AFM 纳米操作

在 AFM 纳米操作过程中,探针针尖形貌与其位置不确定性严重影响了纳米操作结果的可靠性。针对此问题,本书估算探针轮廓形貌与重构扫描图像,在此基础上计算探针推动纳米颗粒的作用点位置及作用力方向。本书在第三章中已对探针推动方向和实际作用力方向对纳米粒子模型的影响进行了讨论。通过仿真实验分析得到探针推动效果取决于探针推动方向与实际作用力方向之间的夹角 θ,该夹角 θ 越小,有效推动距离越远。由于探针位置存在不确定性,很难保证夹角 θ 最小,造成推动结果不稳定,因此在探针定位的基础上提出了基于 AFM 定位补偿的纳米操作,构建了探针位置与探针实际作用力偏差角的关系表,从而通过探针定位补偿提高了操作稳定性。

AFM 纳米操作由于探针与被操作物体之间相对位置不确定性因素的影响,很难进行稳定地操作。针对探针形貌对接触位置的影响,首先估算探针轮廓与重构 AFM 扫描图像形貌。在获得探针与纳米颗粒的轮廓形貌后,通过计算物体表面之间的最小距离确定作用点位置,在其邻域内寻找物体表面特征点集构造接触平面,该平面法线即为二者作用力方向。图 4-19 所示的仿真过程为探

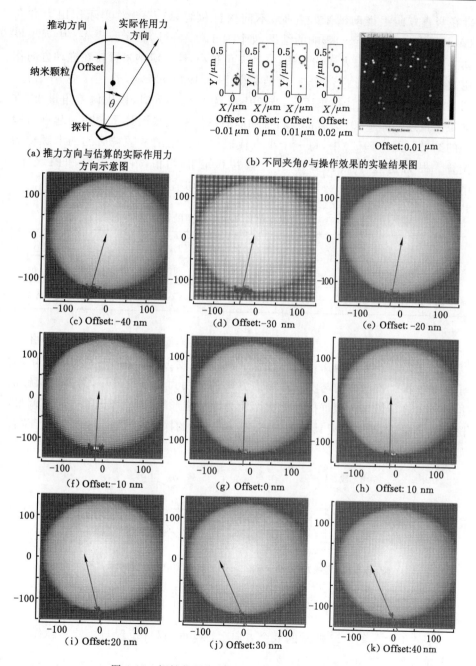

(a) 推力方向与估算的实际作用力
方向示意图

(b) 不同夹角 θ 与操作效果的实验结果图

(c) Offset: -40 nm

(d) Offset: -30 nm

(e) Offset: -20 nm

(f) Offset: -10 nm

(g) Offset: 0 nm

(h) Offset: 10 nm

(i) Offset: 20 nm

(j) Offset: 30 nm

(k) Offset: 40 nm

图 4-19　探针位置与探针实际推动方向的关系图

针在竖直方向上推动纳米颗粒时,不同探针位置(Offset)对实际作用力方向(Actual force direction)影响的结果,如图 4-19(c)~(k)所示。表 4-3 中列出推动方向与实际作用力方向的夹角,二者夹角越小,探针对纳米颗粒在推动方向作用效果越好,并且通过部分实验结果如图 4-19(b)所示,验证了这一结论。图 4-19(b)左侧为统计结果所示,当 Offset 为 0.01 μm 时,作用偏差角最小,推动距离最远。图 4-19(b)右部是将推动前后的实验结果图片重叠在一起进行验证的结果。图 4-19(b)中,每一个小点代表探针推动纳米颗粒后的纳米颗粒的位置。根据这些小点计算出纳米颗粒位置的均值,在图中由圆圈表示。图 4-19(c)到图 4-19(k)分别表示从不同方向推动纳米颗粒的状态。

表 4-3　不同偏差位置下的推动角的统计结果

偏角	Offset/nm								
	−40	−30	−20	−10	0	10	20	30	40
$\theta/(°)$	16.17	−11.02	−9.5	−2.51	−0.8	0	14.79	24.05	24.23

在 AFM 探针定位的基础上,需要进一步补偿探针轮廓对接触位置与作用力方向的影响。考虑到探针操作过程中,探针推动方向是在 0~360°内变化,为了尽量使探针推动方向与实际作用力方向的作用力偏差角最小,需要对探针的推动位置进行微调。根据探针针尖形貌为四棱锥形貌,因此考虑 8 方向的调整,降低计算量,本研究主要针对图中 S_1 到 S_8 方向的探针位置进行补偿,补偿位置如图 4-20 所示。

(a) 探针偏离参考基线 l 的推动示意图　　(b) 探针在8方向推动示意图

图 4-20　基于局部扫描的探针定位及 8 个推动方向示意图

表 4-4 为在图 4-20 所示的 8 个方向上推动时,探针位置与探针实际作用力偏差角的关系统计表。

表 4-4　8 个方向上不同偏差位置的补偿角

推动方向	Offset/nm								
	-40	-30	-20	-10	0	10	20	30	40
$S_1(°)$	-15.36	-11.02	-9.50	-2.51	-0.80	0.00	14.79	18.24	16.63
$S_2(°)$	-19.48	-18.89	-12.06	-9.56	-10.57	-4.46	0.00	0.44	6.08
$S_3(°)$	-21.05	-13.72	-13.92	-11.50	-8.62	-4.25	5.38	10.14	7.54
$S_4(°)$	4.65	3.58	6.27	-1.81	-4.62	-8.35	-13.96	-19.83	-17.82
$S_5(°)$	15.90	12.69	11.14	4.94	2.59	-1.23	-3.00	-7.59	-9.85
$S_6(°)$	20.03	12.09	6.95	2.44	0.37	-0.95	-5.06	-9.23	-6.65
$S_7(°)$	24.20	19.77	8.45	9.22	8.27	-0.68	-2.78	-2.58	-7.52
$S_8(°)$	12.92	12.59	7.16	4.17	-0.29	-2.58	-3.34	-8.12	-15.49

在表 4-4 中,当 offset$=-40$ nm,针对推动方向为 S_1 时的情况,可以计算得到探针位置与探针实际作用力偏差角为 $-15.36°$,因此在根据所建模型计算操作结果时可根据该偏差角对探针与纳米粒子之间的作用位置进行补偿,从而来提高操作的精度。在 AFM 探针纳米操作过程中,操作流程如图 4-21 所示,首

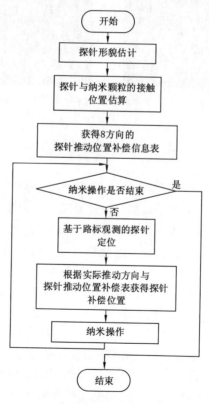

图 4-21　基于 AFM 探针定位补偿的纳米操作流程图

先 AFM 扫描样品形貌,根据纳米颗粒扫描图像构建探针轮廓,计算探针与纳米颗粒的接触位置与作用力方向,针对探针推动 8 方向,根据作用力最小角构建探针推动位置补偿信息表,在纳米操作过程中,根据实际推动方向,到信息表中查找补偿位置,再进行纳米操作,直到纳米操作结束。

针对上述基于探针位置补偿的操作策略与仿真结果,本书通过构造纳米结构验证该操作策略可以有效地进行纳米操作。根据操作过程中的实际推动角度到信息表中进行查询,补偿探针推动位置。图 4-22 所示在操作过程中,针对每一个纳米颗粒,当纳米颗粒推动位置与期望位置误差小于 40 nm 时,本次操作结束;否则探针继续推动,如果推动次数超过 5 次,将操作下一个纳米颗粒。本次实验操作时间为 10 min,纳米颗粒的推动误差在 40 nm 左右。

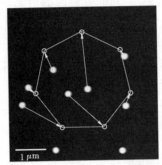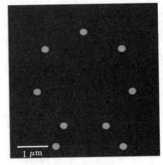

图 4-22　构建正 7 边形的纳米颗粒结构实验图

4.4　本章小结

本章针对纳米操作过程中存在的三种不确定性进行了分析和研究。针对系统温漂的不确定性,提出了基于局部扫描的温漂补偿方法,即将扫描图像中的某特征点设置为路标,操作过程中采用局部快速扫描的方式实时获取路标在图像中的位置变化,实现温漂的检测并通过坐标变换的方式将其位移补偿到操作控制量上,从而达到温漂补偿的目的。针对探针形貌不确定性,提出了基于数学形态学的探针形貌估算方法并对估算后的探针形貌对粒子运动学模型参数的影响进行了分析。针对探针定位不确定性,提出了基于路标的探针定位方法,即探针在运动过程中对设置的路标进行实时观测,根据观测结果采用 Kalman 滤波器算法实时估算探针相对于路标的位置,提高探针的定位精度。在此基础上结合探针作用位置与实际推动作用力的方向关系,通过探针定位进行了作用位置的补偿,构建了 8 个方向的补偿信息表,提高了操作稳定性。仿真与实验结果验证了上述三种不确定性解决方法的有效性。

第 5 章　虚拟纳米手操作方法研究

　　由于不确定性因素的存在,传统的纳米操作方式操作效率低且常出现探针与被操作物体脱离的现象,因此本章提出了一种虚拟纳米手操作策略,该策略借鉴机器人条件封闭的概念,以小步长高频驱动探针运动将被操作物体的位置误差限定在边界范围内,通过规划探针作用点及推动参数模仿多探针同时作用被操作物体的操作效果,实现稳定的纳米操作。本章首先采用蒙特卡洛方法建立纳米物体基于概率的预报模型,然后根据不确定因素的分布情况,构建了虚拟纳米手结构,并对纳米手结构的指长和指宽参数进行了性能分析,最后从纳米操作的稳定性与效率出发,对纳米手的结构参数进行了优化讨论。仿真实验结果表明,本章提出的纳米手操作结构能够在不确定环境下实现稳定的纳米操作。

5.1　虚拟纳米手操作策略

　　传统的 AFM 操作方法是面向对象的操作(target oriented pushing,TOP),即操作方向始终由现有位置指向目标位置,如图 5-1 左侧所示。

　　然而,纳米操作环境存在着诸多不确定性使探针初始位置、运动轨迹、作用力、反馈信息等均具有不确定性,这些不确定性在很大程度上影响了纳米操作过程与结果。此外,AFM 系统通常只有一个尖端极细的探针作为执行器,操作过程中探针只能对样本施加点作用力,从而导致操作力和作用点/方向具有随机性。由于温漂以及探针的展宽效应使得被操作对象的初始状态和运动轨迹也具有随机性。AFM 系统的操作与反馈成像不能同时进行,缺乏操作过程的实时反馈,因此传统的 TOP 操作方法是一种盲操作方式,即只能在操作结束后通过扫描图像进行验证和修正,这种成像-规划-操作-成像的操作模式大大降低了操作效率和有效性。

　　为了实现稳定、高效的纳米操作,本书提出了一种基于作业规划概念的虚拟纳米手操作策略(virtual nano-hand strategy,VNHS)。该策略引入了机器人条件封闭概念[138,139],即通过蒙特卡洛方法估计操作过程中的对象位置有界误差分布,设置相应操作参数,以保证操作过程中对象运动误差始终限定在误差边界

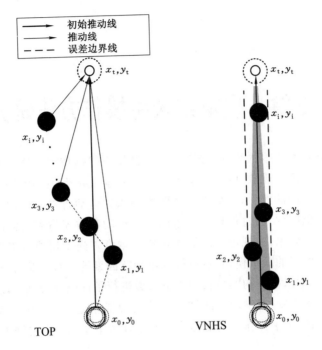

图 5-1 TOP 与 VNHS 操作策略对比

范围内,从而避免操作失败现象,如图 5-1 右侧所示。这种作业称之为虚拟操作手作业方式,可以有效地解决纳米操作不确定因素带来的操作不确定问题。

宏观机器人进行物体操作时,可采用多机器人协作策略,采用条件封闭或力封闭的概念即 caging 或 grasping 实现稳定的机器人操作与抓取功能[140,141],如图 5-2 所示。

与宏观多机器人协同操作有所不同,AFM 仅有一根探针作为执行机构,而探针定位与被操作物体的位置均存在不确定性,这使得稳定的纳米操作很难实现。为了实现稳定操作,可以对探针的运动路径和推动参数进行规划,在推动步长较小的情况下,变换探针与被操作物体之间的接触位置,从而达到模拟多探针并行操作的结果,即实现虚拟纳米手对被操作物体的 caging 或 grasping。图 5-3 是虚拟纳米手操作纳米粒子示意图,要实现纳米粒子由 A 点运动到 B 点,首先对探针与粒子的接触作用点与推动步长进行规划,但由于不确定因素的存在,推动过程中纳米粒子的位置会偏离目标点,根据建立的纳米粒子运动学模型对操作中纳米粒子的位置进行预测,当位置误差超过允许值时,改变探针的作用点位置或参数,使位置误差限制在允许范围内。

纳米手策略基于探针运动控制策略,即通过对操作对象的尺度和运动学误

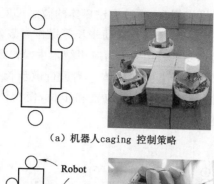

（a）机器人 caging 控制策略

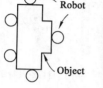

（b）机器人 grasping 控制策略

图 5-2　机器人操作的 caging 与 grasping 控制策略

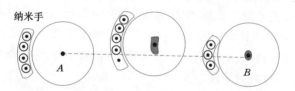

图 5-3　纳米手操作策略推动纳米粒子示意图

差分布，规划探针运动模型，以高频驱动探针模式构成对操作对象的连续操作力，形成由微小行程组合的特定驱动模型，以多探针并行操作效果，达到虚拟多手指同时作用的力作用结构，使操作对象的被动运动误差分布限制在允许范围内，达到不确定条件下的确定性操作，从根本上解决了探针操作过程鲁棒性问题。

　　在纳米操作中，即使物体的运动学模型完全确定，也会由于操作环境的不确定性导致操作结果存在误差，且随单次操作时间的延长而加大，直到下一次重新扫描才会修正。此外，AFM 的单探针只能对纳米粒子施加点式作用力，容易在操作过程中使探针与粒子相脱离，引起操作失败。虚拟纳米手操作策略是针对操作对象的被动运动误差分布，设计探针的作用参数，以达到操作的稳定性，因此，必须通过建立纳米粒子的运动学模型，实时确定操作中粒子的位置，预测操作后粒子中心的位置，从而设计探针作用参数，使操作过程中粒子的误差分布在允许的范围内。

运用前述的纳米手操作策略,通过构建棒体的微小尺度运动学模型,设计规划探针运动轨迹、推动速度、作用点及推动步长等操作参数,可有效实现纳米棒/线体的高精度定姿态操作要求。图 5-4 为应用纳米手操作策略进行纳米棒操作示意图,通过设置 N 个推动点集中在棒体一侧进行微步长推动,使之达到稳定的纳米操作结果,并不断调整推动点的位置和步长,使物体逐步达到目标点位置,实现有序、可控定姿态操作。

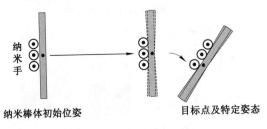

图 5-4　纳米棒体纳米手操作策略示意图

综上所述,虚拟纳米手操作策略核心技术是应用探针变轨迹驱动策略,以一种作用力点、步长可调控机制,实现精度、姿态可控的可编程纳米操作。这种方法克服了 AFM 单探针结构限制,有效降低了纳米操作不确定性对操作结果的影响,可实现纳米粒子、纳米棒(线)的高精度、高效率操作,为纳米装配和纳米器件制造提供了一种有效手段。

5.2　虚拟纳米手操作策略的概率预报模型

5.2.1　蒙特卡洛概率预报方法

在纳米操作环境中,不确定因素是普遍存在的,根据对纳米操作实验的分析,对操作结果和操作精度有决定性作用的因素是探针和被操作对象的位置精度。虽然可以通过漂补偿的方法减小温漂对操作的影响,通过探针形貌估算及图像重构的方法估算真实的探针形貌和纳米物体图像,采用路标观测的方法可以提高探针的定位精度,但探针的相对不确定性是不可消除的,使探针在观测模式时得到的环境信息也是有误差的。因此在纳米操作中,即使运动模型完全确定,也会由于探针定位和纳米颗粒初始信息检测存在误差而造成操作结果存在误差,且随着操作的不断进行该误差的值将不断增大,这是无法避免的。只有通过扫描成像才能实现误差的修正,然而不断的扫描成像会使纳米操作效率很低。为了实现在提高操作效率的同时保证操作的精度,本书通过纳米物体的运动学模型对操作结果进行预测,依据预测结果对探针作用点位置进行规划,小步长多点驱动探针运动,控制被操作对象的误差分布在限定范围内,从而保证操作精度。虽然多次推动的方式会增加探针的运动路径,但依靠 PZT 的高速频响特性,操作的时间仍会缩短。

基于如上思想的多次推动组合策略应该能够实现误差的收敛,即被操作对象的误差分布在限定范围内。其次,在满足收敛性的前提下,所设计的组合策略满足时间和精度的要求。为了设计出这样的操作策略,必须依靠合适的数学工具来对各种操作策略的效果进行描述,包括各种探针运动路径下纳米颗粒相应的误差分布状态。本书选择的分析方法吸收了概率机器人学中的关于粒子滤波器实现机器人实时定位和建图(simultaneous localization and mapping,SLAM)的思想[142,143],利用其中的概率预测方法,建立基于概率方法的纳米物体运动学模型。粒子滤波算法是采用随机的样本粒子对研究对象进行描述,纳米操作中的不确定因素主要是探针定位的误差分布和被操作对象初始位置的误差分布,因此这两种分布都可以用粒子滤波的形式进行描述。

图 5-5 是纳米粒子初始位置的概率分布示意图。图中黑色大圆圈表示纳米颗粒的初始位置,在建立坐标系时,假设粒子中心在坐标原点,但是由于粒子的位置分布具有随机性,所以用概率分布表示粒子中心的可能位置,即圆圈中心的样本点。样本点分布具有一定的规律性,前面章节已经介绍过,纳米环境下的不确定性用实验方法标定后基本都符合正态分布的形式,因此在原点附近的点数较多,即纳米颗粒中心的大部分位置都在原点附近,而远离原点的位置采样点数

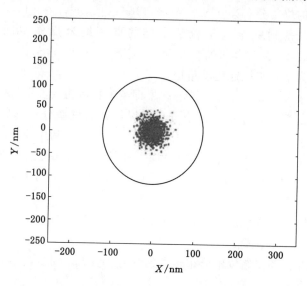

图 5-5　纳米粒子初始位置概率分布

量是逐渐减少的,其分布的概率比较小。

由于粒子瞬时状态具有随机性,设粒子初始位置服从正态分布 $N(\mu_1,\sigma_1)$ 分布,其中 μ_1 是位置坐标,σ_1 是观测值方差。采用粒子滤波方法,可得粒子运动概率模型:$\{Particl, Tip\}——>P$,$(——>$ 表示映射关系),即 $Particl\{P_1, P_2, \cdots P_m\}$,$Tip\{Tip_1, Tip_2, \cdots Tip_n\}$,$P\{p_1, p_2, \cdots P_{m*n}\}$。由此,可建立粒子运动误差分布。

本书提出的基于概率的纳米物体运动模型采用蒙特卡洛方法来进行随机位置粒子的随机变化推算,模型主要包括纳米颗粒操作概率空间以及探针推动策略两部分,各参数定义如下:

纳米粒子的初始位置概率分布状态可以用足够数目的样本集来进行表示,即 $S_{inip} = \{x_{p1}, x_{p2}, x_{p3}, \cdots, x_{pn}\}$,$x_{pi}(i \in [1,n])$ 是粒子的可能初始位置,实验手段可以验证纳米粒子的初始位置概率分布服从正态分布。

同理,由于探针的定位也存在不确定性,因此也采用概率分布的形式进行表示,探针的初始位置样本集为 $S_{initip} = \{x_{tip1}, x_{tip2}, x_{tip3}, \cdots, x_{tipm}\}$,$x_{tipj}(j \in [1, m])$ 是探针的可能位置,其概率分布也满足正态分布。

对于任一组合 (x_{pi}, x_{tipj}),它们分别为纳米颗粒和探针初始位置坐标样本,在纳米粒子坐标系中它们的相对位置是唯一的,如果又已知探针的运动路线,那么在已建立的运动学模型的预测下操作结果 x_{ij} 是可求的。根据运动模型,可确定相对初始位置角度下粒子的运动轨迹,即可得到操作结果集合即探针推动操作后纳米物体的位置分布集合 $S_{mn} = \{x_{ij}\}$,$(i \in [1,n], j \in [1,m])$。

至此,可以得到一个基于粒子采样的概率纳米操作空间 $(S_{inip}, S_{initip}, S_{mn})(S_{inip}, S_{iniTip}, S_{mn})$,操作策略为 $S_{st} = \{S_{st1}, S_{st2}, \cdots, S_{stk}\}$,$S_{stip} = \{S_{st1}, S_{st2}, \cdots, S_{stk}\}$ 其中 S_{stk} 为第 k 步探针运动路径。

初始条件集合 S_{inip} S_{inip},S_{iniTip} 与 S_{initip} 即纳米物体初始位置与探针定位初始位置可以通过前期实验标定其概率分布情况得到其概率分布参数分别表示为 $N_p(\mu_p, \sigma_p)$ $N_p(\mu_p, \sigma_p)$ 和 $N_{tip}(\mu_{tip}, \sigma_{tip})$ $N_{Tip}(\mu_{Tip}, \sigma_{Tip})$,利用规划的探针操作策略对基于蒙特卡洛的概率纳米操作空间进行迭代更新,通过已建立的运动学模型计算得到 S_{mn} 中的每一个样本 $(x_{ij}, i \in [1,n], j \in [1,m])$ 的更新位置,具体的迭代的过程如下:

(1) 建立纳米物体初始位置分布样本集 $S_{inip} = \{x_{p1}, x_{p2}, x_{p3}, \cdots, x_{pn}\}$,即初始化纳米物体的中心位置;

(2) 建立探针的初始位置分布样本集 $S_{initip} = \{x_{tip1}, x_{tip2}, x_{tip3}, \cdots, x_{tipm}\}$,即初始化探针位置;

(3) 建立操作策略样本集 $S_{st} = \{S_{st1}, S_{st2}, \cdots, S_{stk}\}$,即规划探针操作路径与

参数；

（4）计算获得操作后纳米物体位置分布样本集 $S_{nm} = \{x_{ij}\}$,$(i \in [1,n], j \in [1,m])$，即根据操作空间样本集与物体运动学模型更新操作后纳米物体位置；

（5）更新纳米物体位置分布样本集 $S_{inip} = S_{nm}$，即将操作后的物体位置作为下一次迭代过程纳米物体的初始位置；

（6）$k = k+1$,重复步骤（4），直至操作结束。

实际上探针的位置分布与粒子的位置分布是不在一个空间内的，因此应该通过映射关系将两者的误差分布放到一个空间中。若探针的位置定义为针尖坐标系，纳米颗粒的位置定义为操作空间坐标系，如果不进行处理，同时考虑两个坐标系中的位置误差概率分布，则在探针推动粒子的运动过程中两者用粒子滤波算法进行迭代计算的时候会使样本的数量急剧增加，从而加大算法的计算量。由于两个误差均是可以通过实验进行标定的，因此可采用将其中一个误差分布转换到另一个坐标系中，而将转换的那个不确定性视为确定的。本书采用的是将探针位置误差分布映射到纳米颗粒的操作空间中，由于两个误差分布均视为高斯分布，因此两个映射后的误差也是正态分布，总的正态分布的方差可以用下面表达式进行计算：

$$\sigma = \sqrt{\sigma_{tip}^2 + \sigma_p^2} \tag{5-1}$$

式中，σ 为纳米颗粒随机位置在探针坐标系中高斯分布的均方差，σ_{tip} 和 σ_p 分别是操作空间中探针针尖和纳米颗粒位置随机分布的均方差。

5.2.2　基于概率预报模型的纳米粒子操作方法

如 5.2.1 节所述，针对 AFM 操作系统中存在的纳米粒子初始位置和探针定位位置的不确定性，用蒙特卡洛的方法对它们进行概率分布的描述，并可以在探针推动策略的作用下，通过已建立的纳米粒子运动学模型，得到每一次推动操作完成后纳米粒子的位置分布情况。针对不同的操作策略，在纳米粒子基于概率预报模型的作用下，进行仿真实验验证，对 TOP 操作策略及 VNHS 操作策略进行评估。

传统的 TOP 操作方式对于纳米颗粒这样零维的纳米材料，通常采用的操作方法是在预先扫描的 AFM 图像上，规划一条通过纳米颗粒中心的直线，使探针沿着规划的直线接触纳米颗粒并进行推动操作，但这种操作策略常常由于不确定性的存在导致探针无法精确定位到纳米粒子的中心线上，使被操作的粒子发生偏转，随着探针的不断推动，偏转角度会越来越大从而造成探针最终与纳米粒子失去接触。下面采用本章所提出的基于概率预报模型的纳米粒子位置分布预测对 TOP 操作方式进行分析。

　　图 5-6(a)用来描述纳米颗粒的初始位置分布情况,该分布情况是颗粒初始位置和探针初始位置不确定性的叠加分布,这两个初始位置的分布可以用实验的方法对其进行标定,本次仿真实验对应的叠加高斯分布的均方差为 15 nm,随机样本点数量为 500 个,每个样本点代表纳米颗粒中心的可能位置。图 5-6(b)(c)(d)为 TOP 操作策略即推动纳米颗粒中心位置的仿真结果,由于已将探针的不确定分布叠加到纳米颗粒的初始位置分布,故在仿真的时候认为探针定位是精确地作用到纳米颗粒的中心线上,即黑色直线为探针从左至右的运动轨迹,且推动步长参数为 30 nm。从仿真结果可以看出,初次推动操作后(图 b),纳米颗粒中心的概率分布不再是高斯分布,其原因是操作过程中一部分采样粒子点位置发生改变,这意味着本次推动操作过程该样本点所代表的纳米颗粒与探针发生接触并发生了位移,这些随机样本点在探针的终止位置附近形成了半径为 R_P(探针半径)的圆弧。而本次操作过程中还有一部分样本点由于推动步长较小的原因,与探针并未发生接触,故保留在原位置不变。图(c)是 2 次推动后的结果,在操作中基本全部的样本点均与探针发生了

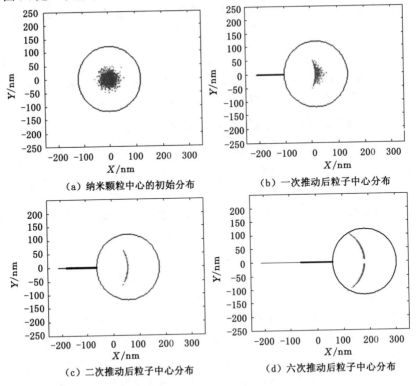

（a）纳米颗粒中心的初始分布　　　　（b）一次推动后粒子中心分布

（c）二次推动后粒子中心分布　　　　（d）六次推动后粒子中心分布

图 5-6　基于概率预报模型的面向对象操作(TOP)的仿真结果

接触产生了运动,可以看到纳米颗粒中心的概率分布转化为弧线分布。连续推动 6 次操作后,如图(d)所示,在探针的作用下更多的随机样本点发生了位移且随推动操作样本点分散为两部分,即粒子的概率分布范围是离散的。仿真结果表明,随着推动操作的进行,纳米颗粒能够继续保持在探针正前方运动的可能性越来越小,分散到探针两侧的概率越来越大且在探针左右两侧的分布成对称形式,这就意味着由于不确定性的存在,传统的对心操作 TOP 策略极易出现不稳定的操作结果,因此在长距离操作的时候常发生探针与纳米颗粒失去接触而造成操作失败的现象。

分析图 5-6 的仿真结果,基于概率预报模型的 TOP 操作不稳定的主要原因在于探针的作用路径一直在粒子滤波样本点的范围内,因此随着操作的不断进行改变了样本的分布情况,最终出现了分立的样本且样本点与探针之间的距离越来越远,故无法实现稳定的高精度的纳米操作。通过上述的分析结果可知,如果保证不确定性分布的样本点在操作中始终处在探针作用点的范围内,并随时可以根据分布情况调整作用参数,使分布控制在允许的误差范围内,就可以实现稳定、高精度的纳米操作,这就是进行探针作用路径规划,实现纳米手操作的中心思想。由于不确定性分布属于正态分布,根据高斯分布的 3σ 原则,即约为 99.7% 的采样点均分布在该范围,因此进行探针作用路径规划的时候依据该原则,将探针的作用点设置在纳米颗粒不确定性高斯分布区域的边缘,这样可以避免破坏随机分布样本的拓扑结构,实现随机分布样本的整体移动,使其分布不再发散而呈现收敛趋势。但受 AFM 只有一根探针作为执行器的局限,无法满足在操作时将所有样本点均限制在允许的范围内,因此本书根据前述的虚拟纳米手操作策略,设计了探针的作用路径,将传统的 TOP 对心操作变为交替双边递进式推动方式。为实现稳定的纳米操作,前后两次探针作用点之间的距离设定为大于 $\pm 3\sigma$,并且探针以小步长高速运行 Z 字形运动轨迹,交替推动纳米颗粒,模拟两手指双探针并行操作的形式。图 5-7 是应用 VNHS 策略进行纳米操作的仿真过程。

为了与 TOP 操作策略的结果进行对比,VNHS 策略仿真时不确定性的初始分布仍然是图 5-6(a)所示的均方差 $\sigma = 15$ nm 的高斯分布,仿真中将探针交替作用的对称作用点设置在距粒子中心点 ± 52 nm 的位置,根据纳米颗粒运动学模型的计算,为保证推动后采样点均在 $\pm 3\sigma$ 的范围内将单次推动步长设置为 30 nm。图(a)为 VNHS 策略的初次推动结果,探针作用位置为粒子中心下方 52 nm($> 3\sigma$)处,仿真结果表明只有最下面的样本点在此次操作中与探针发生了作用。图(b)是二次推动仿真结果,此次推动操作探针作用位置为粒子中心上方 52 nm 处,如图可知本次操作结束后样本点的分布迅速收敛为一维弧线,

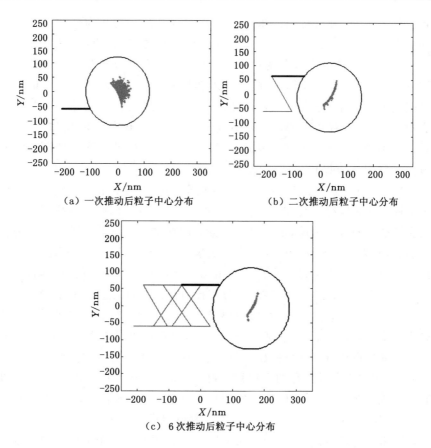

（a）一次推动后粒子中心分布　　　（b）二次推动后粒子中心分布

（c）6 次推动后粒子中心分布

图 5-7　基于概率模型的虚拟纳米手操作策略（VNHS）的仿真结果

大多数采样点均与探针发生作用。图（c）为探针上下交替推动 6 次后的仿真结果，由图可知样本点分布仍为一维弧线形式且分布明显减小，这与 TOP 操作方式连续推动 6 次后的发散分布有明显的不同。

　　由仿真结果可知，VNHS 策略的 3σ 原则能够保证探针每次推动都能够接触到纳米粒子，而采用 Z 字形交替推动的方式能够保证粒子中心的可能位置始终在两个平行的操作路径之间，且采样点收敛，位置误差的分布逐渐减小，故可实现稳定的纳米操作。

5.2.3　基于概率预报模型的纳米棒虚拟纳米手操作方法

　　与纳米颗粒类似，对纳米棒体也可以采用概率预报模型的方式进行虚拟纳米手策略的推动。为了进行探针操作参数的设置，首先必须进行纳米棒体中心位置分布的标定。通过对纳米棒进行连续成像，设定图像高度阈值，将数据二值化,采用计算重心的方法,计算纳米棒的中心位置,对所有图像中的位置进行统计,统计结果表明纳米棒中心位置分布满足高斯分布情况。标定结果表明,纳米棒中心位置符合方差为 σ 的高斯分布,且高斯分布的特点是约为 99.7% 的采样点均分布在 $\pm 3\sigma$ 的范围内,因此,根据该原则将探针作用点分为 3 个区域,如图 5-8 所示。

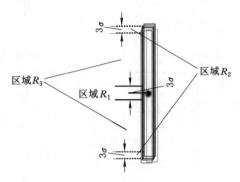

图 5-8　推动点设置示意图

区域 R_3 的仿真结果如图 5-9 所示,图中右上角小图为棒体中心采样点分布图,用来描述纳米棒体的初始位置分布情况,每个采样点代表纳米棒体中心的可能位置,采样点数量为 5 000 个,采样点分布图的坐标单位为 nm。假设初始状态棒体中心分布为 $\sigma = 25$ nm 的高斯分布,棒体长度为 $L = 5.686\ \mu m$,探针的推动速度设置为 $v_p = 2.0\ \mu m/s$,推动步长为 50 nm,推动点设置在距棒体中心 1.5 μm 的位置。采用对称的 Z 字形纳米手操作策略,经过 3 次推动后,棒体中心的采样点逐渐收敛为一条细小的直线,说明棒体中心的位置误差趋于稳定,故实现了棒体的稳定、定姿态操作。

区域 R_1 为棒体中心分布采样点的 $\pm 3\sigma$ 范围内,如果探针推动点设置在此范围内,则很难实现虚拟纳米手的对称式 Z 字形操作。

区域 R_2 为距棒体顶端 3σ 的范围内,如果探针推动点设置在此范围内,则推动过程中,会有一部分棒体逐渐脱离探针的接触,从而造成操作失败,仿真结果如图 5-10 所示。仿真过程中,AFM 探针的作用参数与区域 R_3 推动时相同,但推动点设置在距棒体中心 2.8 μm 的位置。由仿真结果可知,即使采样对称式 Z 字形操作,经过 3 次推动后,棒体中心的部分采样点发生离散,这表明这些采样点所代表的纳米棒与探针出现了脱离现象。

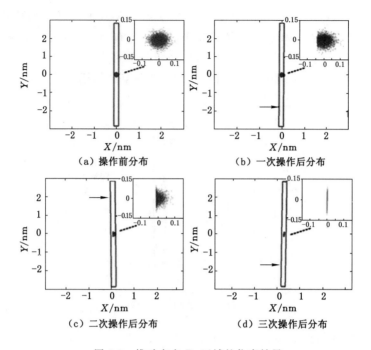

图 5-9　推动点在 R_3 区域的仿真结果

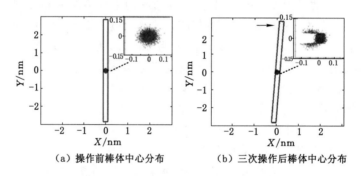

图 5-10　推动点在 R_2 区域的仿真结果

5.3　虚拟纳米手结构参数的性能分析与优化

5.3.1　纳米手结构参数的定义

在探针推动纳米粒子过程中,为了使粒子中心的位置误差分布始终处于可控范围内,则探针的作用点位置至少应该设置在该误差分布的边缘。本书根据这一原则构建两个具有一定间隔的虚拟手指即最简的纳米手结构。该手型结构主要由 2 个参数决定,即探针连续两次推动作用点(探针上、下作用点)的间距 $2d_i$ 和探针每次推动作用的步长 d_p,如图 5-11 所示。

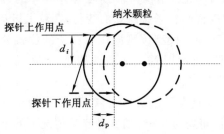

图 5-11　基本虚拟纳米手结构示意图

　　VNHS 操作策略的推动过程如下:首先设定探针的上下作用点的位置和探针小步长推动纳米粒子的步长等操作的基本参数,然后移动探针到上作用点位置与纳米粒子接触并向前推动粒子 d_p 长度,操作结束后抬起探针按刚刚的推动路径返回一定距离以防探针在变换作用点位置时接触粒子产生误操作,之后移动探针到下作用点位置并向前推动 d_p 长度,这样探针在操作过程中的运动路径成 Z 字形,这也是 VNHS 策略操作纳米粒子的一个基本操作单元,即形成一次手形操作。长距离的纳米粒子操作是通过基本操作单元的数次循环重复操作实现的。

　　VNHS 操作策略中,如果把一个基本操作单元的探针作用路径视为最简虚拟纳米手的两根手指,则作用路径之间的距离 $2d_i$ 就是两根手指之间的宽度,简称为指宽,而探针每一步的操作步长 d_p 就是手指长度,简称为指长。前述的仿真结果已经证明,纳米手的指长参数与指宽参数对操作结果有决定性的作用。指宽参数如果设置得过小会进入纳米颗粒中心位置分布的范围内,多次操作后会出现和传统 TOP 操作一样的操作结果。但如果设置过大,理论上可以保证操作过程中使所有的样本点始终处于探针的作用路径内,但还需要指长参数才能确定,因此合理的设置指宽参数是稳定操作的必要条件。指长参数实际上就是单步操作的探针的推动长度,由纳米物体的运动学模型可知,在小步长推动作用下,才可以将纳米物体的运动视为匀速圆周运动,才能利用建立的运动学模型对物体的位置进行预测。如果指长参数设置过长,则即使采用合理的指宽参数设置,也可能造成位于颗粒中心分布的边缘样本点发生离散的现象。毋庸置疑,指长参数越小操作越稳定,但意味着操作时间会比较长、操作的效率比较低。综上所述,虚拟纳米手结构的指宽参数是决定操作稳定性的先决条件,指长参数是决定实现稳定操作的辅助条件,此外,纳米操作的效率主要是由指长决定。

5.3.2　纳米手指长参数对操作结果的影响

上面章节的分析结论为:指长参数不但影响操作效率,而且也是决定操作稳定性的条件之一。结合本论文在第 3 章所建操作模型的讨论结果,在小步长作用下才能忽略操作中探针与粒子接触点的变化,视粒子运动为旋转平移运动,故操作步长越小用所建运动学模型预测操作后粒子的位置分布情况越准确,但步长设置过小会造成模型求解时迭代次数的增加,此外推动步长的设定还要与AFM 探针的推动操作相符合。

图 5-12 是不同步长情况下的仿真结果。仿真过程中,探针总的推动距离为300 nm,探针推动步长间隔为 5 nm 的 6 种步长情况下的推动操作的仿真结果。由图示的仿真结果可知,在作用点相同、推动距离相同的情况下,最小步长 5 nm的操作结果粒子中心的偏转角度最小,而步长最大的 30 nm 的操作结果粒子中心偏转角最大。操作结束后,在 5 nm 步长情况下,AFM 探针与纳米粒子的接触点仍然在离纳米粒子中心较近的位置,而在 30 nm 步长操作后,AFM 探针与粒子的接触点已经接近粒子的边缘位置,这种情况下如果继续进行推动操作就会使探针与粒子失去接触,无法完成操作任务。规划纳米手参数时,应充分考虑指长参数的数值,在允许的推动后粒子中心位置偏移角度情况下尽可能地加大指长参数实现操作效率。

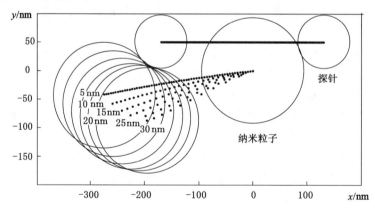

图 5-12　纳米颗粒不同步长的推动结果

图 5-13 是不同的步长相较于理想状态下的偏移位置的仿真实验结果。为了说明问题,仿真过程中选取特定的推动距离,使 30 nm 步长的操作结果探针与粒子处于临界脱离状态,即探针与粒子相切,并以此推动距离进行步长为 5 nm、10 nm、15 nm、20 nm 以及 25 nm 的仿真,并统计操作后各步长作用下探针中心与粒子中心之间的偏转角,如图中虚线范围所示。

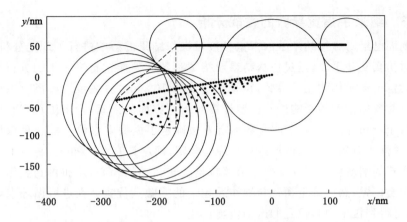

图 5-13　不同步长纳米颗粒偏移角度不同

　　不同步长作用下,纳米颗粒中心位置的偏移距离、偏转角度以及仿真时间的统计结果如表 5-1 所示。统计结果表明,步长越大,粒子中心的偏移距离和偏移角度越大,但其模型计算的时间越短。

表 5-1　不同步长纳米颗粒偏移情况及运算时间

步长/nm	偏移距离/nm	偏移角度/(°)	所耗时间/s
5	11.5	13.760 8	166
10	27.6	18.445 2	84
15	44.4	30.208 2	57
20	60.4	39.158 3	43
25	75.7	46.309 2	36
30	90.4	50.766 8	31

　　图 5-13 中,无论步长的大小,在纳米颗粒不脱离探针的情况下,探针推动一定距离后纳米颗粒与探针始终是相切的状态,设最终纳米颗粒位置与探针推动后位置之间角度为 β,根据这个约束条件就可以得到一个关于步长和 β 角之间的关系,这样就可以考虑选择一种步长较长消耗时间小的情况,对其做一个补偿使纳米颗粒偏移角度与理想状态相符合。但是通过试验发现,探针与纳米颗粒接触点的位置是实时变化的,在不同的接触点位置、步长非常小的理想模型状态也是变化的,无法得到探针从不同角度接触纳米颗粒进行推动后的最优试验数据,而且当推动距离长短变化时最优偏移角度不是固定值,所以这种方法还需要进一步的研究确定。

5.3.3 纳米手指宽参数的性能分析

前面已经对虚拟纳米手的指宽参数对操作结果的影响进行了理论分析,本节通过仿真实验手段,通过仿真结果对指宽参数的性能进行进一步的分析。仿真前设定推动操作的相关参数,设推动速度为 100 nm/s;在步长选择时综合考虑步长对操作模型的影响以及模型计算时间两方面的因素,设定仿真试验推动步长为 10 nm;由 3.3.4 节的参数标定方法确定了模型中参数 μ 的合理取值为 0.15;对操作对象的纳米颗粒进行半径的标定,确定其值为 95 nm。将以上参数带入所建的纳米粒子运动学模型求解粒子旋转运动的瞬心,从而得到操作后粒子的中心位置,然后确定探针与操作后粒子的接触点位置。在进行循环求解过程,即可得到粒子中心位置的运动轨迹。

图 5-14 是两种不同指宽参数情况下,探针推动纳米粒子的仿真实验结果,图中小圆圈表示探针,大圆圈表示纳米粒子,实线表示的是两者的初始位置,虚线表示的是两者操作后的位置,(a)、(b)两图的坐标原点均设置为未操作前粒子的中心位置。在操作前,探针与粒子之间并未接触,运动一段距离后探针对粒子接触并进行推动操作。

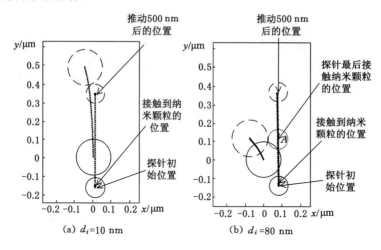

图 5-14   不同指宽参数纳米颗粒运动的仿真

图 5-14(a)是指宽参数为 20 nm,推动距离为 500 nm 的仿真结果。在推动过程中探针的作用路径是不变的,始终沿着设定的方向运动,但由于探针并未作用到粒子的中心线上,因此粒子会进行旋转平移运动,探针和粒子的接触点与粒子中心线的距离为 10 nm,以步长 10 nm 推动纳米粒子 50 次,记录每次单步长作用下粒子的中心位置,得到如图所示的粒子中心运动轨迹。从仿真结果可知,

指宽参数为 20 nm 的情况下,经过 500 nm 的推动操作后,尽管粒子的中心位置发生了变化但探针始终保持与粒子处于接触状态,并未造成操作失败。

图 5-14(b)是指宽参数为 160 nm,推动距离为 500 nm 的仿真结果。由于指宽参数值较大,因此探针和粒子的接触点与粒子中心线的距离为 80 nm,接近于粒子的半径值(95 nm)。尽管推动的步长仍为 10 nm,但较大的指宽参数带入模型后得到的瞬心 s 的值较小,从而粒子的中心偏转角度较大,故随着操作的进行,探针与粒子的作用点逐渐上移,在图中 A 点的位置处于临界接触状态,过了 A 点后探针与粒子脱离。最终,探针沿设定的推动距离继续运动到 500 nm 的位置,而纳米粒子则停留在操作过程的中间位置,这是纳米操作中常见的操作失败现象。

仿真实验证明,指宽参数如果设置过大,在相对较大的指长参数推动操作情况下,有可能造成探针与被操作物体的脱离,而在同样指长参数推动下,指宽参数越小,纳米颗粒的运动距离越大,但由于不确定性的存在,指宽参数不能过小,否则会造成纳米颗粒中心分布的样本点部分发散,从而无法实现稳定操作。综上所述,为保证稳定的纳米操作,指宽参数必须大于 6σ,σ 为探针与纳米颗粒初始位置叠加分布的均方差。但为了确保有效的操作指宽参数还不能过大,因此设置纳米手结构参数的时候必须同时考虑两种参数的相互影响作用。

5.3.4　纳米手结构参数优化

根据分析,纳米手结构指宽参数和指长参数是影响纳米操作稳定性和操作效率的参数,且两者之间有一定的关联性。在确定指宽情况下,可依据模型求出使探针与粒子处于临界接触状态的指长参数。合适的指长、指宽参数能够使纳米粒子的不确定性分布在操作过程中逐渐收敛,实现操作的稳定性。一般来说,指宽大、指长小的纳米手具有较强的稳定性,但这种参数设置会大大增加探针的运动路径和操作时间,故操作的效率不高;而指宽小、指长长的纳米手相对来讲具有较好的操作效率但稳定性不强。在实际的纳米操作中,针对不同的操作目的,对操作效率和操作精度的要求也有所不同。例如:如果纳米操作的目的是为了快速地把纳米颗粒推动到某一位置附近作为路标进行探针定位的观测,此时操作效率是优先考虑的操作要求,因此可适当降低对操作精度的要求,从而就可以设计指宽较小、指长较大的虚拟纳米手。如果纳米操作的目的是为了进行纳米器件的装配,则就应该以操作的精度为首要的条件进行纳米手的设计,此时就需要指宽较大、指长较小的虚拟纳米手。因此,需要根据操作目的,对纳米手的参数进行优化设计,满足不同的操作需求。

纳米手的参数优化应该以一个评价指标为依据,本书提出一种衡量纳米手操作性能的评价函数。该评价函数综合考虑了探针推动纳米粒子时探针的运动过程、指宽和指长参数对粒子中心运动轨迹的影响等因素。下面以纳米手的推动操作过程为例进行操作效率的定义,如图 5-15 所示。

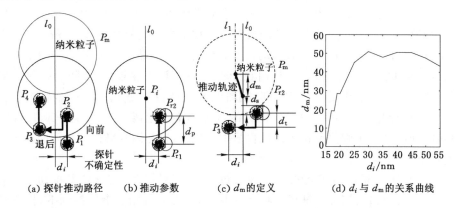

（a）探针推动路径　　（b）推动参数　　（c）d_m 的定义　　（d）d_i 与 d_m 的关系曲线

图 5-15　虚拟纳米手结构参数优化示意图

探针在 l_0 中心线两侧按照 Z 字形轨迹,竖直向上推动纳米颗粒。探针偏离中心线 l_0 的距离为 d_i,推动距离为 d_p。图 5-15(a)说明探针完成第一次与第二次推动的位置路径为 $P_1 \rightarrow P_2 \rightarrow P_3 \rightarrow P_4$,以后的推动操作重复这一过程。

由于探针具有位置不确定性,由多个采样点表示其可能的位置分布,纳米颗粒被不同位置的探针推动后有多个可能位置,为了将纳米颗粒限定在推动方向上,并实现长距离推动纳米颗粒,需要设置合适的偏移距离 d_i,推动距离 d_p 实现上述目标。d_i 与 d_p 估算方法如下:

(1) 在探针推动过程中,需要保证纳米颗粒中心在 $\overrightarrow{P_1 P_2}$ 与 $\overrightarrow{P_3 P_4}$ 之间移动的约束条件。这里分析探针第一次推动操作 $P_1 \rightarrow P_2$,与第二次推动操作 $P_3 \rightarrow P_4$。针对第一次操作,假设探针在 l_0 右侧可能区域 P_1 的右边界位置 P_{r1},在竖直方向移动距离 d_p 后,到达 P_{r2},如图 5-15(b)所示。纳米颗粒在向前移动过程中,同时向左转动。

(2) 然后探针回退到 l_0 左侧的 P_3 区域,为了保证约束条件,假设 l_1 通过 P_3 区域右边界,如图 5-15(c)所示,纳米颗粒在推动后应在 l_1 的右侧。因此可定义纳米颗粒的最大前移距离为 d_m。根据前面的推动模型,随着 d_i 增加,纳米颗粒侧向旋转角速度也增大,即 d_m 也将变化。

(3) 针对不同 d_i,通过运动学模型可以仿真模拟计算 d_m,获得图 5-15(d)。图中 d_m 存在极大值,当 d_i 小于 15 nm 时,纳米颗粒将在推动方向上越出 $\overrightarrow{P_1 P_2}$ 与 $\overrightarrow{P_3 P_4}$ 之间的区域,推动结果发散。当 d_i 大于 15 nm($3\sigma_x$,σ_x 为探针位置方差 5 nm)开始考虑,由于纳米颗粒中心到 l_1 的间距接近于 0,虽然纳米颗粒侧向转动

角速度 ω 较小,纳米颗粒竖直向上移动短距离(d_m 较小)后,纳米颗粒将转动到 l_1 左面。随着 d_i 增加,纳米颗粒中心到 l_1 的间距增加,ω 较小,d_m 将增加到极值。然后 ω 变大,成为影响 d_m 的主要因素,d_m 逐渐变小。

5.4　本章小结

　　本章针对纳米操作存在的不确定性问题,提出了一种虚拟纳米手操作方法。首先建立了不确定性环境下基于概率的纳米物体运动学概率预报模型,采用蒙特卡洛的方法对不确定性进行描述。然后根据所建立的模型设计了 Z 字形的探针运动轨迹,通过规划探针作用点及推动步长模拟双探针并行操作,形成简单的纳米手结构。最后对纳米手结构的指长和指宽参数进行了性能与优化分析。仿真结果表明本章所提出的虚拟纳米手操作策略与传统的对心操作策略相比具有较高的稳定性。

第 6 章　纳米操作系统实现与实验验证

前面章节针对目前基于 AFM 纳米操作中存在的温漂不确定性、探针形貌不确定性及探针定位不确定性等问题进行研究，并提出了虚拟纳米手操作策略等理论与方法。为了研究这些理论与方法，需要对现有的实验平台进行改进，搭建一个新的面向任务空间实时反馈的增强现实纳米操作系统，并以此为基础，通过大量相关实验完成算法模型参数的标定，理论方法的实验验证。本章在商用AFM 系统实验平台上，进行了实时反馈纳米操作系统的构建，并对前面提到的不确定性因素的解决方法进行了实验验证，对操作模型中的参数进行了标定，通过虚拟纳米手操作方法实现了纳米颗粒和纳米棒体的稳定性操作。实验结果验证了前述方法的有效性，提高了纳米操作的效率，为基于 AFM 的自动化纳米装配制造提供了技术支持与指导。

6.1　实时反馈纳米操作系统的构建

为了实现本书前述的研究内容，在美国 Veeco 公司 Dimension 3100 型号的AFM 系统基础上，集成基于随机方法的探针定位策略、具有实时反馈的温漂补偿方法以及基于虚拟纳米手的纳米操控等技术，构建了具有实时反馈的纳米操作系统，为进行研究内容的实验验证操作奠定基础。

实时反馈纳米操作系统如图 6-1 所示，其硬件组成包含了三个部分：AFM执行机构，增强现实系统与实时控制模块，这三部分分别通过 3 台计算机进行控制。

AFM 执行机构的核心是由配备三轴闭环的扫描的 Dimension 3100 组成，该系统最大扫描范围为 110 μm×110 μm，Z 向伸缩范围为 7 μm。该 AFM 系统的外围设备还包括光学显微镜，CCD 摄像机和信号接口模块，其中光学显微镜和 CCD 摄像机帮助操作者寻找感兴趣的样品区域，并且在探针逼近样品的过程中避免探针与样品相撞而带来的探针损坏；信号接口模块连接着 AFM 扫描头，控制器和其他设备，通过它可以得到纳米操作中所有的实时信号；AFM 主控计算机与控制器相连，并运行相应的软件提供 AFM 成像的操作界面。

　　增强现实系统为操作者提供一个增强现实的环境,它包括一个触觉反馈手柄(Desktop Phantom,TM)和一台能够提供视觉反馈和操作的计算机;在纳米操作的过程中,操作者不但能够通过手柄控制探针的三维运动,还能通过它实时感觉到探针与被操作物体之间的相互作用力;视觉显示界面将为操作者提供一个实时更新的操作结果图像,该图像是通过环境模型和局部扫描共同生成,具有较高的可信度。

　　实时控制模块运行在一个装有数据采集卡(Data Acquisition Boarcl,DAQ)的实时控制计算机上,该计算机通过实时控制模块控制 DAQ 卡进行实时的数据输入输出,局部扫描模块和探针实时移动。从系统结构图上可以看到,DAQ卡将电压信号直接输出到改造后的 AFM 控制器上驱动探针运动,因而通过该计算机可以实现探针的实时高速控制。在局部扫描过程中,可以获取施加在压电陶瓷管 Z 方向的电压信号,该信号代表了沿着扫描轨迹的样品表面形貌信息,通过信号接口模块采集得到沿扫描轨迹的形貌信息后,可以实现真实纳米操作结果的获取和基于路标的定位。

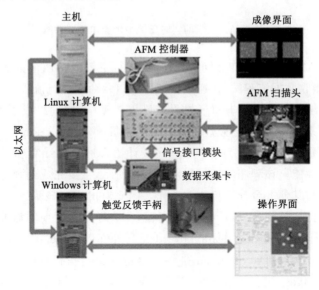

图 6-1　实时反馈纳米操作系统

　　图 6-2 为基于局部扫描的实时反馈纳米操作系统功能示意图。AFM 执行机构能够通过控制器接收主控计算机与实时数据处理模块的控制命令,完成样品的扫描观测与纳米操作。主控计算机用于扫描成像,并将图像数据传送到增强现实系统中。实时数据处理模块根据增强现实系统的命令,实时生成探针局部扫描的

路径规划数据,将其发送给 AFM 控制器;同时接收 AFM 控制器的扫描数据,并将其反馈到增强现实系统的实时反馈界面中,供操作人员进行实时纳米操作。

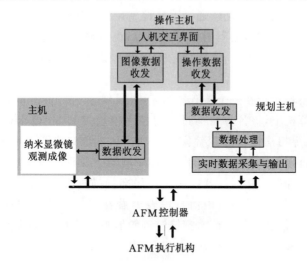

图 6-2　基于局部扫描的实时反馈纳米操作系统功能图

图 6-3 是 AFM 纳米操作相同的程序流程图,主要包括四个方面,即操作端程序流程图、接收数据流程图、传递数据流程图以及命令执行流程图。

该硬件系统中的 3 台计算机通过局域网方式互联,共同组成了增强现实反馈的纳米操作系统。在增强现实系统中的计算机(Manipulation PC)上提供的人机交互界面是选取 OpenGL 与 VC 程序设计语言进行设计实现,保证了程序的运行效率与性能。该程序的流程如图 6-3(a)所示,主要完成刻画与推动操作,运行期间需要与其他 2 台计算机协同工作。图 6-3(b)、(c)显示了负责 AFM 执行机构控制的计算机(Main PC)的程序流程,在该程序运行期间需要与 Manipulation PC 进行交互 Receive Data Thread 是与外部 Manipulation PC 进行通信交互的程序,Transfer Data Thread 是将获得指令交给执行程序 Execute CMD 〔程序流程图 6-3(d)〕进行硬件运行,获得探针运动指令,执行局部扫描,并将计算结果传回。Planning PC 根据 Manipulation PC 上程序运行的要求负责采集 AFM 执行机构运行时的扫描信息,并控制探针进行快速局部扫描等工作。

纳米观测与操作系统软件以探针作业系统为基础,提供细胞扫描成像、分子力检测、纳米尺度定位操作等功能。该操作软件包括实时图像图形生成模块,人机交互界面(如图 6-4 所示),探针定位与力控制模块,多维触觉操作交互设备(Phantom)和网络通信接口等构成。

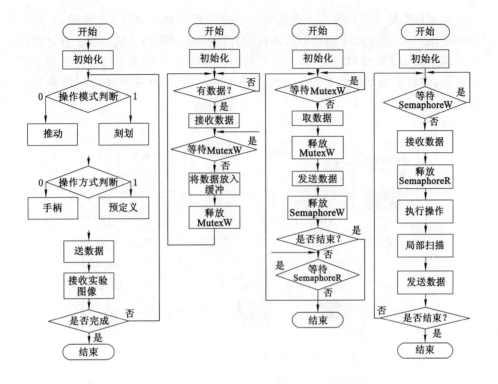

图 6-3　AFM 纳米操作系统的程序流程图

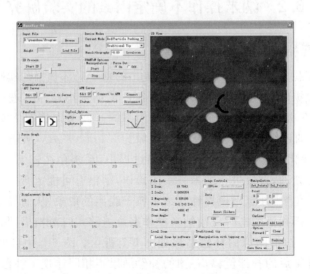

图 6-4　AFM 纳米操作的人机交互界面

本书研究的不确定因素下虚拟纳米手操作系统框架如图 6-5 所示,与第一章中的图相比,新增加了虚拟纳米手操作方法模块,该模块提供包含了探针在任务空间中位置实时反馈控制,降低了探针的位置误差分布,对系统温漂进行了实时补偿,实现了探针相对于被操作物体的精确定位,提高了纳米观测与操作的效率。

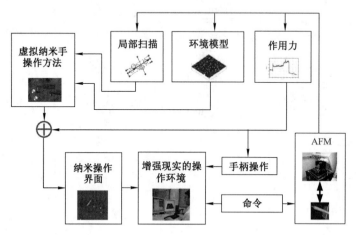

图 6-5　不确定因素下虚拟纳米手操作系统框架

6.2　纳米操作不确定因素的实验研究

6.2.1　温漂补偿方法的实验研究

下面用实验方法验证本书 4.1.2 节提出的基于局部扫描的实时反馈纳米操作系统补偿温漂的有效性,对预制好的聚氯乙烯纳米小球样本进行连续成像及温漂补偿,以 5 次补偿过程为例。图 6-6 为不同时间节点情况下对纳米颗粒样本进行 AFM 的连续扫描结果图,扫描区域为 $3\ \mu m \times 3\ \mu m$,从连续扫描图中粒子 P_1 的位置变化可以看出,在 AFM 扫描过程中,系统存在较大的温漂,若对此种情况不进行处理,直接进行纳米粒子的操作,则很有可能出现 AFM 探针无法作用到指定的位置,甚至出现探针与纳米粒子脱离的现象,从而导致失败的操作结果。基于局部扫描的实时反馈纳米操作系统能够实时对扫描图像进行温漂补偿,各时间节点扫描图像的补偿结果如图 6-7 所示。图 6-7 中各图的黑色边框部分为温漂计算后的补偿位移,各图的补偿结果不相同体现了补偿的实时性能。将补偿后的预测图像与真实的 AFM 扫描图像进行对比,即图 6-7(a)与图 6-6(b)、图 6-7(b)与图 6-6(c)、图 6-7(c)与图 6-6(d)、图 6-7(d)与图 6-6(e)进行对比,可以看出补偿后的预测图像能够反映真实的 AFM 扫描图像,故在此基础上进行相应的纳米操作,能够大大提高操作的可靠性和操作效率。图 6-8 为基于局部扫描的纳米操作实时反馈系统完成的大温漂下纳米装配任务操作结果。

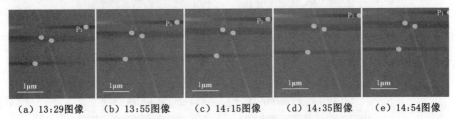

(a) 13:29图像　(b) 13:55图像　(c) 14:15图像　(d) 14:35图像　(e) 14:54图像

图 6-6　不同时间节点的 AFM 连续扫描图

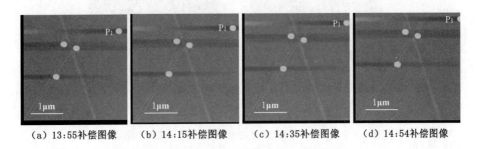

(a) 13:55补偿图像　(b) 14:15补偿图像　(c) 14:35补偿图像　(d) 14:54补偿图像

图 6-7　不同时间节点的温漂补偿结果图

图 6-8(a)是操作界面的初始图像;图 6-8(b)为实时显示的纳米操作结果;图 6-8(c)是操作前初始的 AFM 图像;图 6-8(d)是操作完成后重新扫描得到的 AFM 图像。从图(b)和图(d)的实验结果可以看出,操作界面显示的实时操作结果与真实的操作结果几乎完全匹配,说明本书提出的基于路标的温漂实时检测和补偿方法能够克服大温漂情况下探针定位不准确问题。基于局部扫描实时反馈纳米操作系统针对具有纳米颗粒的区域,采用局部扫描的方式,提高了视觉反馈界面实时反馈的可信度,能够准确、高效地将纳米粒子操作到期望位置,能够实现纳米器件的制造与装配。

6.2.2　探针针尖形貌估算方法的实验研究

针对纳米操作系统存在的探针形貌不确定性,本书 4.2.2 节提出了基于数学形态学方法的探针形貌估算方法。为了进一步进行探针形貌的估算,本节采用 4 种直径不同的纳米粒子采用数学形态的方法进行探针形貌估算,并用 4 个估算结果的下限值作为最终的探针形貌,如图 6-9 所示。

图 6-9(a)是探针悬臂梁与探针针尖的 SEM 图像,分别对直径为 92 nm、198

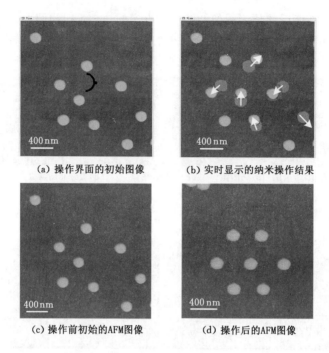

(a) 操作界面的初始图像   (b) 实时显示的纳米操作结果

(c) 操作前初始的AFM图像   (d) 操作后的AFM图像

图 6-8　基于局部扫描的实时反馈纳米操作系统操作结果

nm、462 nm 和 697 nm 的纳米颗粒进行 AFM 成像，图 6-9(b)是直径为 198nm 的纳米颗粒的 AFM 相位图，利用数学形态学的方法，通过膨胀及腐蚀运算得到估算后的探针形貌，如图 6-9(c)所示，最后进行四种情况估算结果的交叉点计算得到图(d)所示的探针形貌。

　　在探针模型建立后，应用数学形态学的腐蚀算法重构 AFM 扫描图像，验证上述方法的有效性。实验中采用的纳米颗粒样品直径约 180 ± 10 nm，首先先扫描图像，得到如图 6-10(a)、图 6-10(b)所示的纳米颗粒的高度图；然后进行扫描图像的重构，得到图 6-10(d)、图 6-10(e)所示的重构图像；最后在水平和垂直方向对比纳米颗粒图像重构前后的变化，如图 6-10(c)、图 6-10(f)所示。图中 H 表示水平方向，V 表示垂直方向，加粗扫描线为重构后探针扫描线，虚线为未进行重构的粒子扫描线，从结果可以看到重构前纳米粒子在水平和垂直方向上的宽度分别为 225 nm 和 224 nm，而重构后得到的纳米粒子的宽度分别为 175 nm 和 176 nm，与未重构的图像相比粒子宽度减小了 50 nm 左右，与纳米粒子的实际宽度仅存在 3 nm 的误差，证明了该方法的有效性，更有利于进行不确定操作条件下进行纳米颗粒初始位置分布不确定性的标定。

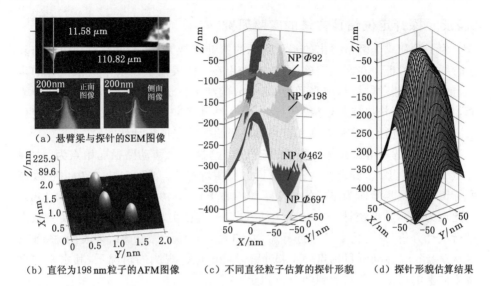

（a）悬臂梁与探针的SEM图像

（b）直径为198 nm粒子的AFM图像　　（c）不同直径粒子估算的探针形貌　　（d）探针形貌估算结果

图 6-9　探针形貌估算及其结果

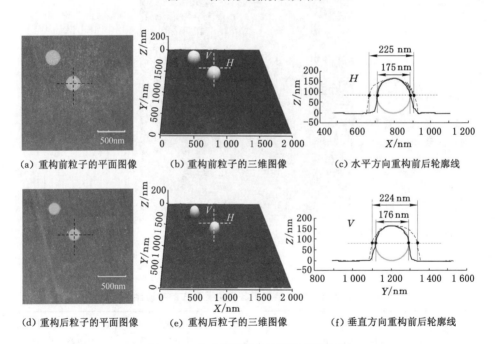

（a）重构前粒子的平面图像　　（b）重构前粒子的三维图像　　（c）水平方向重构前后轮廓线

（d）重构后粒子的平面图像　　（e）重构后粒子的三维图像　　（f）垂直方向重构前后轮廓线

图 6-10　基于探针形貌估算的图像重构

6.2.3 探针定位估算方法的实验研究

为了验证 4.3.2 节提出的基于路标的探针定位方法,本节针对相应的仿真进行了实验验证。在定位实验中,本书采用在 CD 表面上压坑来确认探针的坐标定位。在制备样品时,将直径为 200 nm 的纳米粒子沉积到未使用过的 CD 表面,并对其进行扫描成像,寻找具有 1~2 个纳米颗粒的成像区域作为探针定位的实验区域,进行无路标观测和有路标观测的探针定位统计性实验。

图 6-11 是一组探针直接移动的定位实验,探针的移动路径起始点为 x_0,目标点 x_8,航路点 x_d,分别在这三个位置进行压坑操作,如图 6-11(a)中白色线圈所标识。此次实验作为路标的纳米颗粒中心坐标为 $(0.801\ \mu m, -0.684\ \mu m)$,以此点为坐标原点统计 x_0、x_8 和 x_d 的位置。重复实验过程 50 次,对实验数据进行统计分析,并与仿真结果进行对比,如表 6-1 所示。统计结果表明,探针直接从 x_0 经 x_d 移动到目标点 x_8,未对路标粒子进行观测的情况下,其水平与垂直方向上的误差方差增加到 20 nm 以上。

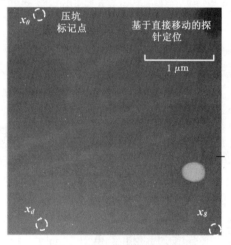

图 6-11 探针直接移动方式定位实验

表 6-1 探针直接移动情况下各点位置分布的实验结果统计

探针位置	探针水平方向位置误差均值/μm	探针水平方向位置误差方差/μm	探针垂直方向位置误差均值/μm	探针垂直方向位置误差方差/μm
x_0	−1.333	0.014	1.435	0.018
x_d	−1.346	0.014	−1.324	0.024
x_8	1.087	0.021	−1.374	0.025

图 6-12 是其中一组基于路标观测的探针定位实验的结果。图像中的纳米粒子作为探针定位的路标,探针从初始位置即停止扫描后探针停留的图像中心位置移动到 x_2 点并下移探针在 CD 表面压坑标记,然后探针对路标粒子进行局部扫描操作,在 x_5、x_6 两个点位置压坑标记后估算探针位置,估算结束后探针移动到 x_8 并压坑标记位置。实验过程如下:

(1) 探针从扫描区域中心移到位置 x_2;

(2) 执行路标的局部扫描操作,探针的移动路径为 $x_2 \rightarrow x_3 \rightarrow \cdots \rightarrow x_6$,观测纳米颗粒中心,使用观测模型在位置 x_6 进行最优估算;

(3) 提高探针在 x_6 的位置精度后,计算 x_6 到 x_8 的距离差,根据运动模型移到 x_8;

(4) 探针沿着路径 $x_8 \rightarrow x_d \rightarrow x_0$ 返回到 x_0。由于探针从 x_8 到 x_0 运动距离较长,在位置 x_0 的误差分布区域增加较大。

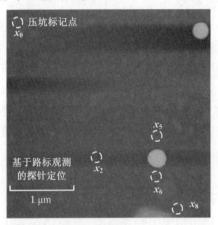

图 6-12　基于路标观测的探针定位实验

表 6-2 是 50 组基于路标观测的探针移动定位实验的统计结果。根据实验统计数据可知,探针在移动过程中观测路标,其位置误差的方差值缩小到 10 nm 左右。与表 6-1 的实验结果进行对比,进一步验证通过路标观测可以降低探针定位中的不确定性。

表 6-2　基于路标观测的探针移动方式下各点位置分布的实验结果统计

探针位置	探针水平方向位置误差均值/μm	探针水平方向位置误差方差/μm	探针垂直方向位置误差均值/μm	探针垂直方向位置误差方差/μm
x_0	-1.330	0.032	1.337	0.030

表 6-2(续)

探针位置	探针水平方向 位置误差均值/μm	探针水平方向 位置误差方差/μm	探针垂直方向 位置误差均值/μm	探针垂直方向 位置误差方差/μm
x_2	-0.010	0.143	-0.644	0.020
x_5	0.795	0.014		
x_6	0.786	0.012		
x_8	1.105	0.013	-1.431	0.011

6.3　虚拟纳米手操作策略实验验证

6.3.1　实验样本的制备

进行纳米操作前应进行实验样本的制备,针对本书的研究对象纳米粒子和纳米棒体,样本制备方式是相同的。常见的纳米样本基底材料为云母片或者 CD 片,CD 片表面平滑、无污染适合于进行纳米操作,因此使用干净且完全没有使用过的 CD 片作为实验样本的基底。由于乳胶纳米小球和 ZnO 纳米棒体的溶液浓度较高,因此在样本制备之前需要使用去离子水进行稀释。为了将纳米物体较好地固定在基底上,先用 $MgCl_2$ 溶液对基底进行处理,氮气吹干后取少许稀释后的样本溶液滴在干净的 CD 基底上,再用氮气吹干,静置 3 h 以后进行操作。

6.3.2　虚拟纳米手操作策略的实验研究

为了系统地说明虚拟纳米手操作策略,图 6-13 显示了这一操作过程的仿真过程。

图 6-13(a)是用粒子滤波描述的被操作对象纳米粒子初始位置的概率不确定性,图(b)是探针位置的概率不确定性,但该不确定性是在对路标粒子进行局部扫描并对探针的初始位置进行统计后,确定探针的定位误差再进行纳米颗粒的推动操作。为了分析方便,在探针上建立参考坐标系,因此将探针的位置误差叠加到纳米颗粒的初始位置误差上,图 6-13(c)是被操作对象与探针位置不确定性的叠加误差分布,且该误差也符合正态分布,方差约为 10 nm。根据本研究提出的纳米粒子运动学模型估算纳米颗粒推动后的位置,规划设计探针的操作路径,确定虚拟纳米手的结构参数值。图 6-13(d)～(f)是探针按规划的 Z 字形纳米手进行粒子推动的操作过程。图(d)和图(e)是一个推动的单元操作,探针在推动过程中首先先在纳米粒子的左下方以单位步长进行推动,然后探针向右后

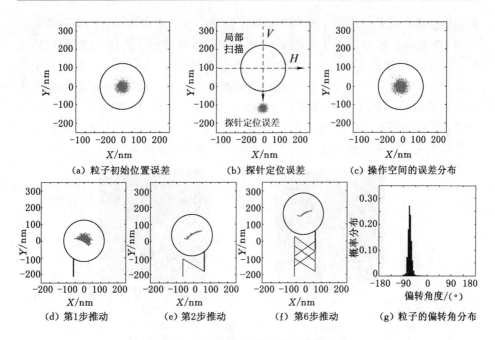

图 6-13　虚拟纳米手操作策略仿真结果

方撤针到与左下方推动点对称的右下方推动点的作用轨迹上,然后向前移动探针,与粒子接触后探针向前推动单位步长的距离完成一次对称的推动。仿真结果可以看出,随着推动的进行,粒子中心位置的误差不确定性分布逐渐收敛。图(f)是连续进行 3 次单元推动即 6 次推动后的仿真结果,从结果可以看出,探针作用使粒子中心的不确定性分布始终处于探针的运动路径范围内,保证了操作的稳定性。图 6-13(g)是对仿真过程中每次推动的粒子中心的偏转角进行了统计,如图可知,纳米粒子相对于垂直推动方向的偏转角分布均集中在一个较小的范围内,进一步证明了虚拟纳米手策略能够实现稳定的纳米操作。

在进行纳米操作之前,要对纳米颗粒和探针初始位置的不确定性进行标定,确定最终的叠加分布情况,才能进行纳米手操作参数的设定。纳米粒子初始位置和探针定位误差不确定性分布的标定方法介绍如下:

(1)纳米粒子初始位置不确定性的标定

如前所述,由于 AFM 操作系统本身存在的诸多不确定性因素导致的被操作对象的初始位置存在不确定性,采用实验手段对该不确定性进行标定。

在实验过程中,选择具有多个纳米粒子的样本区域进行连续的多次扫描成像操作,记录每一次的图像信息。选择图像中的某个纳米粒子作为标准粒子,对所有成像图片以该标准粒子为基准点进行其余粒子中心位置的标定,并将粒子中心的坐标信息进行记录与统计。图 6-14 是粒子初始位置不确定性标定的部分实验图片与实验结果。实验过程中对图 6-14 所显示的区域进行了连续 50 次的扫描成像,(a)图和(b)图是其中的 2 次成像结果,每幅 AFM 图像均有 4 个粒子,对粒子进行编号,以 P_1 粒子为标准粒子,连续扫描的图像均以 P_1 为图像的配准点进行 P_2 ~P_4 粒子相对于 P_1 粒子的位置统计。对 50 个 AFM 图像进行纳米粒子中心的位置统计后得到图 6-15(c)和图 6-15(d)所示的粒子中心点在 X 和 Y 方向上的分布结果和不确定性分布的均值和方差,粒子初始位置的方差约为 5 nm。

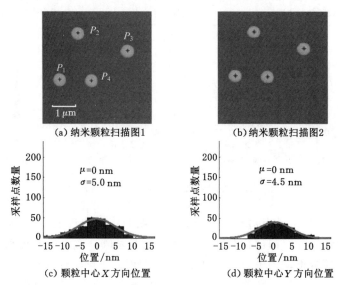

(a) 纳米颗粒扫描图1   (b) 纳米颗粒扫描图2

(c) 颗粒中心 X 方向位置   (d) 颗粒中心 Y 方向位置

图 6-14　纳米颗粒位置的不确定性估算

(2) 探针与纳米粒子间相对位置的误差标定

在前面章节中已经对基于局部扫描和路标观测的探针定位进行了介绍,本节通过实验手段对探针的位置误差进行标定。图 6-15(a)是应用局部扫描方式对探针位置进行标定的示意图,图 6-15(b)是具体的实验成像图。

在图 6-15(a)中,首先对路标粒子进行水平方向上的观测,即沿水平扫描线 H 扫描纳米粒子,根据扫描线的高度确定其与粒子边缘的两个交点 A_1 和 A_2,找出两个交点的中点,并沿垂直方向过中点的扫描线进行垂直方向上的扫描,得到该扫描线与粒子的两个交点 B_1 和 B_2,则 B_1 与 B_2 的中点即为粒子的中心位置。扫描结束后将探针移动到 S 位置并进行压坑操作进行探针位置的统计标定。

图 6-15(b)是 50 次按照图 6-15(a)的实验方案进行探针定位误差标定实

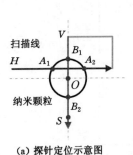

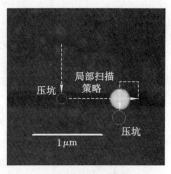

（a）探针定位示意图　　　　（b）探针定位实验图

图 6-15　基于局部扫描纳米颗粒的探针定位

验得到的实验图像之一,在该实验中只需找到有一个纳米粒子的区域就可以进行标定实验。首先将探针移动到观测路标的水平扫描线上,扫描操作前压坑定位,然后进行水平扫描和垂直扫描,局部扫描结束后将探针移动到 S 位置进行压坑,最后进行操作后的扫描成像,重复该过程,得到 50 次的实验结果,对标记压坑点 S 的位置进行统计,得到探针的位置误差分布为方差约为 5 nm 的正态分布。

对粒子初始位置和探针位置的误差标定后,将 2 个误差分布叠加考虑,可将探针与粒子之间的位置误差视为探针的位置是确定的,而粒子初始位置的误差为方差约为 10 nm 的正态分布。以该误差分布为基础,进行前述虚拟纳米手操作参数的设置。为了对实验结果进行比对,在进行粒子推动前进行了图像控制点的设置,如图 6-16 所示。在进行虚拟纳米手操作之前进行路标粒子的观测来提高探针的定位精度,观测结束后在垂直扫描线上距粒子一段距离进行压坑操作,并在压坑位置的右侧水平线上再进行压坑操作,这两个点即为设置的图像控制点,用来进行操作前后 AFM 图像的比对。

图 6-17 是基于虚拟纳米手策略推动纳米颗粒实验的实验过程与结果图,实验过程与图 6-13 所示的一致。根据实验标定的结果,纳米粒子中心位置的不确定性分布的方差约为 10 nm,因此根据稳定操作的原则即纳米手指宽参数应大于 3σ,本次实验设定的指宽为 78 nm,而为了提高操作效率,本次实验设定的推动步长即指长参数为 36 nm。操作前对被操作粒子也是局部扫描探针定位的观测路标进行局部观测并设置图像控制点,对探针进行定位操作,如图 6-17（a）所示。图 6-17（b）是按照设定的操作参数进行虚拟纳米手仿真实验的实验结果,实验结果为经过 13 次推动操作后,纳米颗粒向前运动了 507 nm。图 6-17（c）是纳米操作的实验结果。由于纳米手的指长比较小,为了防止探针作用点的不断

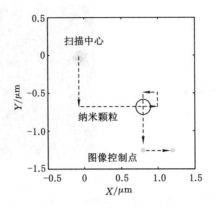

图 6-16　图像控制点的设置

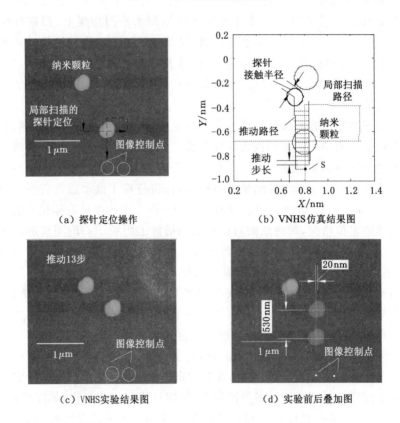

（a）探针定位操作　　　　　　（b）VNHS仿真结果图

（c）VNHS实验结果图　　　　　（d）实验前后叠加图

图 6-17　虚拟纳米手策略推动纳米颗粒实验 1

变换而误推动粒子,推动过程中,探针首先在右侧推动线路上距粒子 120 nm 的位置上向前运动 156 nm,完成推动操作后,探针在作用路线上回撤 120 nm 后再水平移动到左侧推动线路上向前运动 156 nm,这样既能保证探针运动过程中不会误操作粒子也保证了单步推动的步长。图 6-17(d)是操作前后 AFM 图像以图像控制点为基准进行的图像叠加,以方便进行操作结果的计算。通过叠加图可知,经过 13 次的纳米手推动操作后,粒子在垂直方向上的运动距离为 530 nm,且发生了水平方向约为 20 nm 的偏移。

图 6-18 是另一次基于虚拟纳米手策略推动纳米颗粒实验的实验过程与结果图,本次操作的次数为 19 次,粒子垂直位移实验数据为 804 nm,仿真数据为 791 nm。

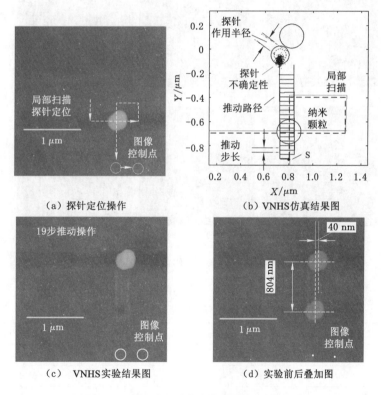

图 6-18　虚拟纳米手策略推动纳米颗粒实验 2

通过长距离推动纳米颗粒对 VNHS 操作策略进行进一步实验验证。实验的操作参数设置如下:AFM 探针的推动速度设定为 1 μm/s,推动作用点设置为距粒子中心 ±40 nm 的位置,推动步长为 30 nm,交替推动次数为 30 次。图 6-19 为 2 次实验结果,其中(a)、(d)为操作前的图像,(b)、(e)为操作后的图像,(c)、(f)为叠加图像。

两次实验中,纳米粒子的垂直位移分别为 902 nm 和 916 nm,水平位移分别为 12 nm 和 19 nm,水平位移不同的原因在于两次实验的扫描区域尺寸不同,但两次实验结果的位置误差均未超过一个像素点。

为实现粒子垂直位移 1 μm 的操作目的,将 10 次 TOP 操作和 VNHS 操作的实验结果进行比较,其中 TOP 操作的垂直位移数值差异较大,最大值为 875 nm,VNHS 操作的垂直位移均在 930 nm 以上,两种操作策略的水平位移误差对比结果如表 6-3 所示。

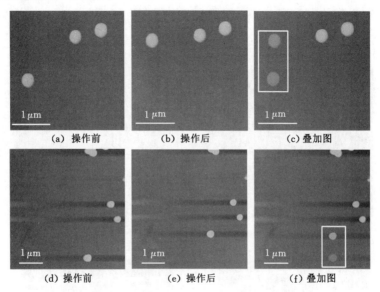

图 6-19 虚拟纳米手操作策略的实验结果

表 6-3 TOP 与 VNHS 策略的实验结果比较

实验次数	扫描尺寸/μm×μm	TOP/nm	VNHS/nm
1	3.2×3.2	25	12.5
2	3.2×3.2	25	12.5
3	3.2×3.2	37.5	0
4	3.2×3.2	12.5	12.5
5	3.2×3.2	50	0
6	5.0×5.0	19.5	19.5
7	5.0×5.0	97.5	39

表 6-3（续）

实验次数	扫描尺寸/μm×μm	TOP/nm	VNHS/nm
8	5.0×5.0	78	0
9	5.0×5.0	117	19.5
10	5.0×5.0	78	19.5

由实验对比结果可以看出，TOP 操作后存在较大的水平位移误差，基本在 2 个像素点以上（扫描图像的分辨率均为 256×256），且随着扫描范围的增大，误差加大，其中第 9 次的误差达到 117 nm 超过了粒子半径，说明操作过程中粒子与探针已经脱离，而探针固有半径造成误差超过了 100 nm。应用 VNHS 操作策略进行长距离推动操作后，纳米粒子的水平位移很小，基本控制在 1 个像素点的范围内，且第 3 次和第 8 次的误差为 0，说明了虚拟纳米手操作策略的稳定性。

根据虚拟纳米手操作策略可以将纳米粒子的操作精度控制在一个像素点，能够实现长距离稳定的纳米操作，可高效率地将粒子推成特定的排列，实现粒子的可控操作，如图 6-20 所示。图中（a）、（b）、（c）、（d）为连续推动操作过程，箭头

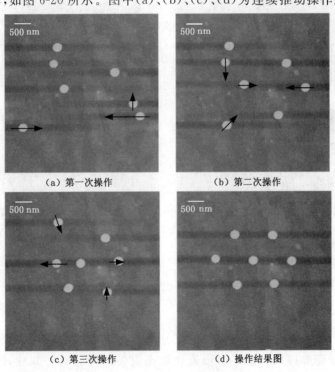

（a）第一次操作　　　　　　　　（b）第二次操作

（c）第三次操作　　　　　　　　（d）操作结果图

图 6-20　粒子排列的操作过程

标明各个粒子的操作方向及其运动路径。

图 6-21 和图 6-22 为使用虚拟纳米手进行纳米颗粒操作构建的部分纳米结构。图 6-21 中的(a)和(c)图为未操作前的纳米粒子分布情况,图中的圆圈表示每个纳米颗粒对应的规划操作后的位置,白色箭头线表示 AFM 探针推动纳米粒子的路径,(a)图操作后构建一个由 8 粒子构成的圆形,(c)图要构建一个 9 粒子构成 3×3 的点阵结构,(b)和(d)图分别为应用虚拟纳米手结构在所构建的具有实时反馈的纳米操作系统上完成的实验结果,实验结果表明虚拟纳米手结构实现了粒子的稳定操作,且均能够使纳米粒子的位置误差限制在一个较小的范围内。图 6-22 是应用虚拟纳米手策略进行粒子操作的另外 2 个实验结果,分别构成了粒子的三角形排列和矩形排列。

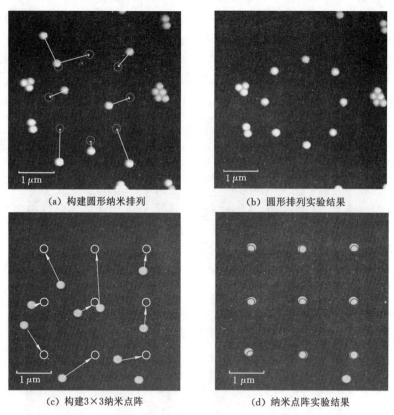

(a) 构建圆形纳米排列   (b) 圆形排列实验结果

(c) 构建3×3纳米点阵   (d) 纳米点阵实验结果

图 6-21 虚拟纳米手操作纳米粒子的实验结果图 1

为了验证虚拟纳米手 Z 字形操作策略对纳米棒体的有效性,进行了纳米棒体推动的操作实验。实验采用 ZnO 纳米棒为操作对象,实验平台为 Veeco

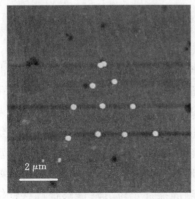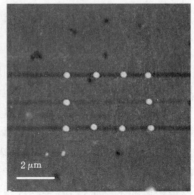

(a) 11个纳米粒子构成的三角形排列　　　　(b) 10个纳米粒子构成的矩形排列

图 6-22　虚拟纳米手操作纳米粒子的实验结果图 2

dimension3100 SPM 设备,探针为 MikroMasch 公司的 NSC15/AIBS。实验参数设置如下:选定长度为 5.686 μm 的 ZnO 纳米棒为操作对象,AFM 探针的推动速度设定为 2 μm/s,对称推动点设置为距纳米棒中心位置 1.5 μm 处,推动步长为 50 nm/次,实验结果如图 6-23 所示,(a)为操作前棒体位置,(b)为操作后棒体位置,(c)为二者的叠加图。从实验结果图可以看出,采用提出的虚拟纳米手 Z 字形稳定操作策略,经过对称作用点的交替推动后,纳米棒体发生 4.24 μm 的位移,但其角度变化值未超过 3 μ,即实现了棒体的稳定、定姿态操作。

(a) 操作前　　　　　　　　(b) 操作后　　　　　　　　(c) 叠加图

图 6-23　纳米手策略推动纳米棒体的实验结果

6.4 本章小结

本章构建了具有实时反馈的纳米操作系统,该系统集成了本书研究的基于路标观测的探针定位策略、具有实时反馈的温漂补偿方法以及基于虚拟纳米手的纳米操控等功能。在该系统平台上,对系统温漂不确定性、探针形貌不确定性和探针定位不确定性的研究方法进行了实验验证,还对提出的不确定环境下虚拟纳米手的操作方式进行了实验验证。实验结果表明,本书提出的基于局部扫描的温漂补偿方法能够解决系统温漂问题;基于数学形态学的探针估算方法能够有效地降低探针形貌产生的不确定性;基于路标观测的探针定位方法能够提高探针定位精度;虚拟纳米手操作策略能够实现纳米颗粒和纳米棒体的稳定操作。

第 7 章　总结与展望

7.1　总　　结

本书主要对不确定条件下的纳米操作问题进行了深入研究。由于 AFM 系统存在的迟滞、蠕变、温漂等问题使纳米操作存在不确定性。针对不同的不确定性因素,本书提出了相应的解决方法。在纳米物体受力分析的基础上,建立了运动学模型,并以概率预报的方式进行操作结果的预测,构建虚拟纳米手操作策略,通过对纳米手结构参数的规划模拟双探针并行操作的模式。仿真与实验研究证明了操作策略的有效性,创新之处如下:

(1) 建立了纳米颗粒和纳米棒体的运动学模型。根据纳米条件下,纳米物体的运动情况和受力分析情况,分别建立了纳米颗粒和纳米棒体的运动学模型,并通过实验手段对模型中的参数进行了标定,仿真和实验结果验证了所建的运动学模型能够在一定程度上预测纳米操作后物体的位置。

(2) 对所建纳米粒子运动模型进行了改进,建立了基于最小作用量原理的纳米颗粒运动学模型。首先对纳米颗粒运动过程中旋转中心的所在位置进行了分析与证明,根据颗粒所受到的力与力矩的关系建立了基于最小作用量原理的纳米颗粒运动学模型,并对探针与粒子之间的摩擦力对模型的影响进行了讨论,最后采用龙格库塔和蒙特卡洛方法对所建模型进行了数值求解,仿真与实验结果验证了模型的有效性。

(3) 对纳米操作环境存在的温漂、探针形貌和探针定位不确定性进行了研究并提出了相应的解决方法。对于温漂不确定性采用基于局部扫描的实时反馈方法进行补偿,对探针形貌不确定性采用基于数学形态学的方法进行估算,对探针定位不确定性采用路标观测的方法用 Kalman 滤波进行探针位置估算,仿真实验证明了提出的方法的有效性。

(4) 针对不确定条件下纳米操作存在的问题,创新性地提出虚拟纳米手操作方法。建立了不确定环境下基于概率的预报模型,采用 Monte Carlo 方法描述不确定性,根据操作过程中样本点的分布规划 AFM 探针的作用参数和运动轨迹,通过探针的 Z 字形推动操作模拟二手指的纳米手操作,并对手形结构进行了性能和优化分析。仿真实验表明该操作方法具有更高的稳定性。

(5)搭建了集成研究内容的实验系统,并利用该系统进行了研究内容的实验验证。实验结果表明基于局部扫描的温漂补偿系统能够有效地进行温漂补偿,数学形态学的探针形貌估算方法能够将 AFM 的重构图像精度误差提高到 3 nm,基于路标的探针定位能够将探针的定位误差提高到 10 nm。系统地完成了虚拟纳米手操作实验,结果表明该策略能够稳定的进行纳米操作,并能够在 $1\mu m$ 的推动距离下保证误差在 1 个像素点。

7.2 展　　望

本书针对不确定性环境下纳米操作方法进行了一些研究,但还存在着一些问题和不足有待进一步改进和完善,将在以下几个方面进行更深入的研究。

(1)书中所建立的纳米物体的运动学模型是在一定的假设条件下成立的,然而在纳米操作环境中存在着多种不确定性因素的影响,如何进一步对模型进行分析使其对纳米操作更具有指导作用也是今后研究中需要解决的一个重要问题。

(2)书中对纳米手结构参数的指长和指宽进行了优化的分析,但对于操作稳定性和操作效率这两个相互影响的性能指标来说,还需要建立一个更加综合的评价函数,使纳米手结构参数根据操作目的的不同进行不同的优化策略和参数设置。

(3)书中提出的虚拟纳米手操作策略模拟两根手指的操作模式,且操作过程中手型结构的参数没有调整变化。因此,如何对更加复杂的操作方案和策略同样使用文中所讲的思路进行分析和规划将是下一步研究中重点考虑的问题之一。

参 考 文 献

［1］ B BHARAT. Springer Handbook of Nanotechnology［M］. Berlin: Springer,2005.

［2］ 施利毅. 纳米科技基础［M］. 上海:华东理工大学出版社,2005.

［3］ RAO S G,HUANG L,SETYAWAN W,et al. Nanotube electronics:large-scale assembly of carbon nanotubes［J］. Nature,2003,425(6953):36-37.

［4］ WHITESIDES G M,MATHIAS J P,SETO C T. Molecular self-assembly and nanochemistry:a chemical strategy for the synthesis of nanostructures［J］. Science,1991,254(5036):1312-1319.

［5］ WHITESIDES G M. Self-assembly at all scales［J］. Science, 2002, 295 (5564):2418-2421.

［6］ BALIJEPALLI A, LEBRUN T W, GUPTA S K. A flexible system framework for a nanoassembly cell using optical tweezers ［C］// Proceedings of ASME 2006 International Design Engineering Technical Conferences and Computers and Information in Engineering Conference, September 10-13,2006,Philadelphia,Pennsylvania,USA. 2008:333-342.

［7］ ICHIKAWA M,KUBO K,MURATA S,et al. Single cell manipulation by using tilt controlled optical tweezers［C］//2007 International Symposium on Micro-NanoMechatronics and Human Science. November 11-14,2007, Nagoya,Japan. IEEE,2007:316-321.

［8］ MOFFITT J R,CHEMLA Y R,SMITH S B,et al. Recent advances in optical tweezers［J］. Annual Review of Biochemistry,2008,77:205-228.

［9］ LIU Y X,YU M. Fiber optical tweezers for cell manipulation and force sensing［C］//2007 Conference on Lasers and Electro-Optics (CLEO). May 6-11,2007,Baltimore,MD,USA. IEEE,2007:1-2.

［10］ CHEN X Q,SAITO T,YAMADA H,et al. Aligning single-wall carbon nanotubes with an alternating-current electric field［J］. Applied Physics Letters,2001,78(23):3714-3716.

[11] DEWARRAT F,CALAME M,SCHöNENBERGER C. Orientation and positioning of DNA molecules with an electric field technique[J]. Single Molecules,2002,3(4):189-193.

[12] CHIOU P Y,CHANG Z H,WU M C. A novel optoelectronic tweezer using light induced dielectrophoresis[C]//2003 IEEE/LEOS International Conference on Optical MEMS (Cat. No. 03EX682). August 18-21, 2003, Waikoloa, HI, USA. IEEE,2003:8-9.

[13] FUNG C K M,WONG V T S,CHAN R H M,et al. Dielectrophoretic batch fabrication of bundled carbon nanotube thermal sensors[J]. IEEE Transactions on Nanotechnology,2004,3(3):395-403.

[14] DONG L X,DEPARTMENT OF MICRO SYSTEM ENGINEERING NAGOYA UNIVERSITY FURO CHO CHIKUSA KU NAGOYA JAPAN,ARAI F,et al. 3-D nanorobotic manipulation of nanometer-scale objects[J]. Journal of Robotics and Mechatronics,2001,13(2):146-153.

[15] EICHHORN V, CARLSON K, ANDERSEN K N, et al. Nanorobotic manipulation setup for pick-and-place handling and nondestructive characterization of carbon nanotubes[C]//2007 IEEE/RSJ International Conference on Intelligent Robots and Systems. October 29 - November 2, 2007,San Diego,CA,USA. IEEE,2007:291-296.

[16] KIM K S, LIM S C, LEE I B, et al. In situ manipulation and characterizations using nanomanipulators inside a field emission-scanning electron microscope[J]. Review of Scientific Instruments,2003,74(9): 4021-4025.

[17] XIE H, ZHANG H, SONG J M, et al. High-precision automated micromanipulation and adhesive microbonding with cantilevered micropipette probes in the dynamic probing mode [J]. IEEE/ASME Transactions on Mechatronics,2018,23(3):1425-1435.

[18] RESCH R,BUGACOV A,BAUR C,et al. Manipulation of nanoparticles using dynamic force microscopy:simulation and experiments[J]. Applied Physics A,1998,67(3):265-271.

[19] FUKUI T, UCHIHASHI T, SASAKI N, et al. Direct observation and manipulation of supramolecular polymerization by high-speed atomic force microscopy[J]. Angewandte Chemie (International Ed in English), 2018,57(47):15465-15470.

[20] PUMAROL M E, MIYAHARA Y, GAGNON R, et al. Controlled deposition of gold nanodots using non-contact atomic force microscopy [J]. Nanotechnology,2005,16(8):1083-1088.

[21] YANG L,BAI K Z,LI Y Q. Modeling the effect of the relative humidity on the manipulation of nanoparticles with an atomic force microscope[J]. Colloid Journal,2018,80(3):339-345.

[22] ZHANG J,CHEN P C,YUAN B K,et al. Real-space identification of intermolecular bonding with atomic force microscopy[J]. Science,2013, 342(6158):611-614.

[23] LI M,XI N,WANG Y C,et al. Advances in atomic force microscopy for single-cell analysis[J]. Nano Research,2019,12(4):703-718.

[24] GUZ N V,DOKUKIN M E,WOODWORTH C D,et al. Towards early detection of cervical cancer:Fractal dimension of AFM images of human cervical epithelial cells at different stages of progression to cancer[J]. Nanomedicine: Nanotechnology, Biology and Medicine, 2015, 11 (7): 1667-1675.

[25] WOODSIDE M T,BLOCK S M. Reconstructing folding energy landscapes by single-molecule force spectroscopy[J]. Annual Review of Biophysics, 2014,43:19-39.

[26] KODERA N, YAMAMOTO D, ISHIKAWA R, et al. Video imaging of walking myosin V by high-speed atomic force microscopy[J]. Nature, 2010,468(7320):72-76.

[27] LI M,LIU L Q,XI N,et al. Imaging and measuring the rituximab-induced changes of mechanical properties in B-lymphoma cells using atomic force microscopy[J]. Biochemical and Biophysical Research Communications, 2011,404(2):689-694.

[28] LI M, LIU L Q, XI N, et al. Atomic force microscopy imaging and mechanical properties measurement of red blood cells and aggressive cancer cells[J]. Science China Life Sciences,2012,55(11):968-973.

[29] BESTEMBAYEVA A, KRAMER A, LABOKHA A A, et al. Nanoscale stiffness topography reveals structure and mechanics of the transport barrier in intact nuclear pore complexes [J]. Nature Nanotechnology, 2015,10(1):60-64.

[30] KIM H, YAMAGISHI A, IMAIZUMI M, et al. Quantitative

measurements of intercellular adhesion between a macrophage and cancer cells using a cup-attached AFM chip[J]. Colloids and Surfaces B: Biointerfaces,2017,155:366-372.

[31] LEKKA M. Discrimination between normal and cancerous cells using AFM[J]. BioNanoScience,2016,6(1):65-80.

[32] SOBIEPANEK A,MILNER-KRAWCZYK M,LEKKA M,et al. AFM and QCM-D as tools for the distinction of melanoma cells with a different metastatic potential[J]. Biosensors and Bioelectronics,2017,93:274-281.

[33] MINELLI E,CIASCA G,SASSUN T E,et al. A fully-automated neural network analysis of AFM force-distance curves for cancer tissue diagnosis [J]. Applied Physics Letters,2017,111(14):143701.

[34] 李洪波,赵学增. 基于原子力显微镜的线宽粗糙度测量[J]. 机械工程学报, 2008,44(8):227-232.

[35] 李洪波,赵学增,赵维谦. 基于等效面积法的线宽及线宽粗糙度测量[J]. 计量学报, 2011,32(1): 16-19.

[36] TAKATA H,NAIKI H,WANG L,et al. Detailed observation of multiphoton emission enhancement from a single colloidal quantum dot using a silver-coated AFM tip[J]. Nano Letters,2016,16(9):5770-5778.

[37] LITVINOV V,KOZLOVSKY V,SADOFYEV Y,et al. Local study of the energy spectrum of electrons in CdSe/ZnSe QD structure by current DLTS cooperated with AFM[J]. Physica Status Solidi C,2012,9(8/9): 1772-1775.

[38] ZIELONY E,PŁACZEK-POPKO E,HENRYKOWSKI A,et al. Laser irradiation effects on the CdTe/ZnTe quantum dot structure studied by Raman and AFM spectroscopy[J]. Journal of Applied Physics,2012,112 (6):063520.

[39] DOMENICI F,FASOLATO C,MAZZI E,et al. Engineering microscale two-dimensional gold nanoparticle cluster arrays for advanced Raman sensing:an AFM study[J]. Colloids and Surfaces A:Physicochemical and Engineering Aspects,2016,498:168-175.

[40] KWON G,CHU H,YOO J,et al. Fabrication of uniform and high resolution copper nanowire using intermediate self-assembled monolayers through direct AFM lithography [J]. Nanotechnology, 2012, 23 (18):185307.

[41] LIU Y Y,GUTHOLD M,SNYDER M J,et al. AFM of self-assembled lambda DNA-histone networks[J]. Colloids and Surfaces B: Biointerfaces,2015,134: 17-25.

[42] AKISHIBA T,TAMURA N,ICHII T,et al. DNA origami assembly on patterned silicon by AFM based lithography[C]//2013 IEEE 26th International Conference on Micro Electro Mechanical Systems (MEMS). January 20-24, 2013, Taipei, Taiwan, China. IEEE, 2013: 307-310.

[43] BUCKWELL M,ZARUDNYI K,MONTESI L,et al. Conductive AFM topography of intrinsic conductivity variations in silica based dielectrics for memory applications[J]. ECS Transactions,2016,75(5):3-9.

[44] JUNEJA S,SUDHAKAR S,GOPE J,et al. Highly conductive boron doped micro/nanocrystalline silicon thin films deposited by VHF-PECVD for solar cell applications[J]. Journal of Alloys and Compounds,2015, 643:94-99.

[45] HEO J. Characterization of wavelength effect on photovoltaic property of poly-Si solar cell using photoconductive atomic force microscopy (PC-AFM)[J]. Transactions on Electrical and Electronic Materials,2013,14 (3):160-163.

[46] JANENE N,GHRAIRI N,ALLAGUI A,et al. Opto-electronic properties of a TiO2/PS/mc-Si heterojunction based solar cell[J]. Applied Surface Science,2016,368:140-145.

[47] ULYASHIN A,SYTCHKOVA A. Hydrogen related phenomena at the ITO/a-Si:H/Si heterojunction solar cell interfaces[J]. Physica Status Solidi (a),2013,210(4):711-716.

[48] LI C,DING Y,SOLIMAN M,et al. Probing ternary solvent effect in high voc polymer solar cells using advanced AFM techniques[J]. ACS Applied Materials & Interfaces,2016,8(7):4730-4738.

[49] YAO Y X,REN L L,GAO S T,et al. Histogram method for reliable thickness measurements of graphene films using atomic force microscopy (AFM)[J]. Journal of Materials Science & Technology,2017,33(8):815-820.

[50] BONESCHANSCHER M P, VAN DER LIT J, SUN Z X, et al. Quantitative atomic resolution force imaging on epitaxial graphene with

reactive and nonreactive AFM probes[J]. ACS Nano, 2012, 6 (11): 10216-10221.

[51] ODAKA A, SATOH N, KATORI S. Nanoscale investigation of organic semiconductor films by vacuum evaporation and mist deposition using AFM/KFM measurement [C]. International Conference on Electrical Machines and Systems, 2016: 354-360.

[52] MICHAŁOWSKI M, ZYGMUNT R, VOICU R, et al. AFM studies of stiction properties of ultrathin polysilicon films [C]//Advanced Mechatronics Solutions, 2016:347-353.

[53] SOLOOKINEJAD G, ROZATIAN A S H, HABIBI M H. Zinc oxide thin films characterization, AFM, XRD and X-ray reflectivity[J]. Experimental Techniques, 2016, 40(4):1297-1306.

[54] KARASI? SKI P, GONDEK E, DREWNIAK S, et al. Porous titania films fabricated via Sol gel rout - Optical and AFM characterization[J]. Optical Materials, 2016, 56:64-70.

[55] GAOSUN M L, WU P, LI H J. On the characterization method of nano boron nitride material based on AFM[J]. Key Engineering Materials, 2016, 680:21-24.

[56] BEUWER M A, KNOPPER M F, ALBERTAZZI L, et al. Mechanical properties of single supramolecular polymers from correlative AFM and fluorescence microscopy[J]. Polymer Chemistry, 2016, 7(47):7260-7268.

[57] ZHANG D, WANG X, SONG W, et al. Analysis of crystallization property of LDPE/Fe3O4 nano-dielectrics based on AFM measurements [J]. Journal of Materials Science: Materials in Electronics, 2017, 28(4): 3495-3499.

[58] ERINOSHO M F, AKINLABI E T, JOHNSON O T. Characterization of surface roughness of laser deposited titanium alloy and copper using AFM [J]. Applied Surface Science, 2018, 435:393-397.

[59] 袁帅, 王越超, 席宁, 等. 机器人化微纳操作研究进展[J]. 科学通报, 2013, 58(S2):28-39.

[60] REQUICHA A A G, MELTZER S, ARCE F P T, et al. Manipulation of nanoscale components with the AFM: principles and applications[C]// Proceedings of the 2001 1st IEEE Conference on Nanotechnology. IEEE-NANO 2001 (Cat. No. 01EX516). October 30-30, 2001, Maui, HI, USA.

IEEE,2001:81-86.

[61] HAREL E,MELTZER S E,REQUICHA A A G,et al. Fabrication of polystyrene latex nanostructures by nanomanipulation and thermal processing[J]. Nano Letters,2005,5(12):2624-2629.

[62] MOKABERI B,REQUICHA A A G. Towards automatic nanomanipulation: drift compensation in scanning probe microscopes[C]//IEEE International Conference on Robotics and Automation,2004. Proceedings. ICRA '04. 2004. April 26 - May 1,2004,New Orleans,LA,USA. IEEE,2004:416-421.

[63] MOKABERI B,REQUICHA A A G. Drift compensation for automatic nanomanipulation with scanning probe microscopes [J]. IEEE Transactions on Automation Science and Engineering, 2006, 3 (3): 199-207.

[64] SITTI M,HASHIMOTO H. Macro to nano tele-manipulation through nanoelectromechanical systems[C]//IECON '98. Proceedings of the 24th Annual Conference of the IEEE Industrial Electronics Society (Cat. No. 98CH36200). August 31 - September 4,1998,Aachen,Germany. IEEE, 1998:98-103.

[65] SITTI M,HASHIMOTO H. Tele-nanorobotics using atomic force microscope[C]//Proceedings of 1998 IEEE/RSJ International Conference on Intelligent Robots and Systems. Innovations in Theory,Practice and Applications (Cat. No. 98CH36190). October 17-17,1998,Victoria,BC, Canada. IEEE,1998:1739-1746.

[66] SITTI M,ARUK B,SHINTANI H,et al. Development of a scaled teleoperation system for nano scale interaction and manipulation[C]// Proceedings 2001 ICRA. IEEE International Conference on Robotics and Automation (Cat. No. 01CH37164). May 21-26, 2001, Seoul, Korea (South). IEEE,2001:860-867.

[67] GUTHOLD M,FALVO M R,MATTHEWS W G,et al. Controlled manipulation of molecular samples with the nanoManipulator[C]//IEEE/ ASME Transactions on Mechatronics. IEEE,:189-198.

[68] LI G Y,XI N,YU M M,et al. 3D nanomanipulation using atomic force microscopy[C]//2003 IEEE International Conference on Robotics and Automation (Cat. No. 03CH37422). September 14-19, 2003, Taipei, Taiwan,China. IEEE,2003:3642-3647.

[69] LI G Y, XI N, YU M M, et al. Augmented reality system for real-time nanomanipulation[C]//2003 Third IEEE Conference on Nanotechnology, 2003. IEEE-NANO 2003. August 12-14, 2003, San Francisco, CA, USA. IEEE, 2003: 64-67.

[70] LI G Y, XI N, CHEN H P, et al. Nano-assembly of DNA based electronic devices using atomic force microscopy[C]//2004 IEEE/RSJ International Conference on Intelligent Robots and Systems (IROS) (IEEE Cat. No. 04CH37566). September 28 - October 2, 2004, Sendai, Japan. IEEE, 2004: 583-588.

[71] LI G Y, XI N, YU M M. Calibration of AFM based nanomanipulation system [C]//IEEE International Conference on Robotics and Automation, 2004. Proceedings. ICRA '04. 2004. April 26 - May 1, 2004, New Orleans, LA, USA. IEEE, 2004: 422-427.

[72] LI G Y, XI N, YU M M, et al. Development of augmented reality system for AFM-based nanomanipulation [J]. IEEE/ASME Transactions on Mechatronics, 2004, 9(2): 358-365.

[73] LI G Y, XI N, WANG Y C, et al. Planning and control of 3-D nano-manipulation[J]. Acta Mechanica Sinica, 2004, 20(2): 117-124.

[74] LIU L Q, LUO Y L, XI N, et al. Sensor referenced real-time videolization of atomic force microscopy for nanomanipulations [J]. IEEE/ASME Transactions on Mechatronics, 2008, 13(1): 76-85.

[75] FATIKOW S, EICHHORN V, BARTENWERFER M. Nanomaterials enter the silicon-based CMOS era: nanorobotic technologies for nanoelectronic devices[J]. IEEE Nanotechnology Magazine, 2012, 6(1): 14-18.

[76] FATIKOW S, WICH T, HULSEN H, et al. Microrobot system for automatic nanohandling inside a scanning electron microscope[J]. IEEE/ASME Transactions on Mechatronics, 2007, 12(3): 244-252.

[77] EICHHORN V, BARTENWERFER M, FATIKOW S. Nanorobotic assembly and focused ion beam processing of nanotube-enhanced AFM probes[J]. IEEE Transactions on Automation Science and Engineering, 2012, 9(4): 679-686.

[78] STOLLE C, BARTENWERFER M, CELLE C, et al. Nanorobotic strategies for handling and characterization of metal-assisted etched

silicon nanowires[J]. IEEE/ASME Transactions on Mechatronics,2013, 18(3):887-894.

[79] TIAN Y,WEI R,EICHHORN V,et al. Mechanical properties of boron nitride nanocones[J]. Journal of Applied Physics,2012,111(10):104316.

[80] SITTI M. Survey of nanomanipulation systems[C]//Proceedings of the 2001 1st IEEE Conference on Nanotechnology. IEEE-NANO 2001 (Cat. No. 01EX516). October 30-30,2001,Maui,HI,USA. IEEE,2001:75-80.

[81] RU C H, TO S. Contact detection for nanomanipulation in a scanning electron microscope[J]. Ultramicroscopy,2012,118:61-66.

[82] XIE H,RéGNIER S. High-efficiency automated nanomanipulation with parallel imaging/manipulation force microscopy[J]. IEEE Transactions on Nanotechnology,2012,11(1):21-33.

[83] XIE H,ONAL C,RéGNIER S,et al. Atomic force microscopy based nanorobotics[M]. Berlin,Heidelberg:Springer Berlin Heidelberg,2012.

[84] FANG Y C,ZHANG Y D,QI N N,et al. AM-AFM system analysis and output feedback control design with sensor saturation [J]. IEEE Transactions on Nanotechnology,2013,12(2):190-202.

[85] ZHANG Y D,FANG Y C,ZHOU X W,et al. Image-based hysteresis modeling and compensation for piezo-scanner utilized in AFM[C]//2007 7th IEEE Conference on Nanotechnology (IEEE NANO). August 2-5, 2007,Hong Kong,China. IEEE,2007:90-95.

[86] 周娴玮,方勇纯,董晓坤,等. 基于 RTLinux 的 AFM 实时反馈控制系统 [J].计算机工程,2008,34(15):226-228.

[87] 方勇纯,张玉东,贾宁.适用于原子力显微镜先进扫描模式的学习控制系统 [J]. 控制理论与应用,2010,27(5):557-562.

[88] LI G X,WANG W X,WANG Y C,et al. Nano-manipulation based on real-time compressive tracking[J]. IEEE Transactions on Nanotechnology,2015,14(5): 837-846.

[89] SITTI M, HASHIMOTO H. Controlled pushing of nanoparticles: modeling and experiments [J]. IEEE/ASME Transactions on Mechatronics,2000,5(2):199-211.

[90] SITTI M, HASHIMOTO H. Teleoperated touch feedback from the surfaces at the nanoscale:modeling and experiments[J]. IEEE/ASME Transactions on Mechatronics,2003,8(2):287-298.

[91] SüMER B, ONAL C D, AKSAK B, et al. An experimental analysis of elliptical adhesive contact [J]. Journal of Applied Physics, 2010, 107 (11):113512.

[92] FALVO M R, TAYLOR II R M, HELSER A, et al. Nanometre-scale rolling and sliding of carbon nanotubes[J]. Nature, 1999, 397 (6716): 236-238.

[93] RITTER C, HEYDE M, SCHWARZ U D, et al. Controlled translational manipulation of small latex spheres by dynamic force microscopy[J]. Langmuir, 2002, 18(21):7798-7803.

[94] LANDOLSI F, GHORBEL F H, DABNEY J B. Adhesion and friction coupling in atomic force microscope-based nanopushing[J]. Journal of Dynamic Systems, Measurement, and Control, 2013, 135 (1): 011002. DOI:10. 1115/1. 4006370.

[95] LANDOLSI F, GHORBEL F H, LOU J, et al. Nanoscale friction dynamic modeling[J]. Journal of Dynamic Systems, Measurement, and Control, 2009, 131(6):061102. DOI:10. 1115/1. 3223620.

[96] KORAYEM M H, NOROOZI M, DAEINABI K. Control of an atomic force microscopy probe during nano-manipulation via the sliding mode method[J]. Scientia Iranica, 2012, 19(5):1346-1353.

[97] KORAYEM M H, MAHMOODI Z, TAHERI M, et al. Three-dimensional modeling and simulation of the AFM-based manipulation of spherical biological micro/nanoparticles with the consideration of contact mechanics theories [J]. Proceedings of the Institution of Mechanical Engineers, Part K: Journal of Multi-Body Dynamics, 2015, 229 (4): 370-382.

[98] KORAYEM M H, SARAEE M B, MAHMOODI Z, et al. Modeling and simulation of three dimensional manipulations of biological micro/ nanoparticles by applying cylindrical contact mechanics models by means of AFM[J]. Journal of Nanoparticle Research, 2015, 17(11):1-17.

[99] KORAYEM M H, MIRMOHAMMAD S A, SARAEE M B. Using the multiasperity models to investigate the effect of cylindrical micro/ nanoparticle roughness on the critical manipulation forces [J]. IEEE Transactions on Nanotechnology, 2016, 15(6):911-921.

[100] KORAYEM M H, HOSHIAR A K, BADRLOU S, et al. Modeling and

simulation of critical force and time in 3D manipulations using rectangular, V-shaped and dagger-shaped cantilevers [J]. European Journal of Mechanics - A/Solids,2016,59:333-343.

[101] ZAKERI M,FARAJI J,KHARAZMI M. Multipoint contact modeling of nanoparticle manipulation on rough surface[J]. Journal of Nanoparticle Research,2016,18(12):1-23.

[102] SARAEE M B,KORAYEM M H. Dynamic modeling and simulation of 3D manipulation on rough surfaces based on developed adhesion models [J]. The International Journal of Advanced Manufacturing Technology, 2017,88(1/2/3/4):529-545.

[103] MORADI M,FEREIDON A H,SADEGHZADEH S. Dynamic modeling for nanomanipulation of polystyrene nanorod by atomic force microscope [J]. Scientia Iranica,2011,18(3):808-815.

[104] OMIDI E,KORAYEM A H,KORAYEM M H. Sensitivity analysis of nanoparticles pushing manipulation by AFM in a robust controlled process[J]. Precision Engineering,2013,37(3):658-670.

[105] KIM S, RATCHFORD D C, LI X Q. Atomic force microscope nanomanipulation with simultaneous visual guidance[J]. ACS Nano, 2009,3(10):2989-2994. [PubMed]

[106] KIM S, SHAFIEI F, RATCHFORD D, et al. Controlled AFM manipulation of small nanoparticles and assembly of hybrid nanostructures[J]. Nanotechnology,2011,22(11):115301. [PubMed]

[107] HOSHIAR A K, KIANPOUR M, NAZARAHARI M, et al. Path planning in the AFM nanomanipulation of multiple spherical nanoparticles by using a coevolutionary Genetic Algorithm[C]//2016 International Conference on Manipulation, Automation and Robotics at Small Scales (MARSS). July 18-22, 2016, Paris, France. IEEE, 2016: 1-6.

[108] HOSHIAR A K, RAEISIFARD H. A simulation algorithm for path planning of biological nanoparticles displacement on a rough path[J]. Journal of Nanoscience and Nanotechnology,2017,17(8):5578-5581.

[109] ONAL C D, OZCAN O, SITTI M. Automated 2-D nanoparticle manipulation using atomic force microscopy[J]. IEEE Transactions on Nanotechnology,2011,10(3):472-481.

［110］ZHAO W，XU K M，QIAN X P，et al. Tip based nanomanipulation through successive directional push［J］. Journal of Manufacturing Science and Engineering，2010，132（3）：030909. DOI：10. 1115/1.4001676.

［111］XU K M，KALANTARI A，QIAN X P. Efficient AFM-based nanoparticle manipulation via sequential parallel pushing［J］. IEEE Transactions on Nanotechnology，2012，11(4)：666-675.

［112］LIU H Z，WU S，ZHANG J M，et al. Strategies for the AFM-based manipulation of silver nanowires on a flat surface［J］. Nanotechnology，2017，28(36)：365301.

［113］KIM S，RATCHFORD D C，LI X Q. Atomic force microscope nanomanipulation with simultaneous visual guidance［J］. ACS Nano，2009,3(10)：2989-2994.［PubMed］

［114］TAFAZZOLI A，SITTI M. Dynamic behavior and simulation of nanoparticle sliding during nanoprobe-based positioning［C］// Proceedings of ASME 2004 International Mechanical Engineering Congress and Exposition，November 13-19，2004，Anaheim，California，USA. 2008：965-972.

［115］乔永芬，岳庆文. 广义力学系统的最小作用量原理[J].科学通报,1993,38(4)：314-318.

［116］李思琪，闫铁，王希军，等. 基于最小作用量原理的岩石微振动方程及分析[J]. 石油钻探技术,2014,42(3)：66-70.

［117］谢拥军，梁昌洪. 电磁场中的广义最小作用量原理及其应用[J].科学通报,1997,42(2)：211-214.

［118］蒋勇敏. 基于最小作用原理的轨迹多维空间动态控制[J]. 机械工程学报,2013,49(3)：194-198.

［119］刘建林. 表面浸润的内在机制：最小作用量原理[J]. 力学与实践,2009,31(5)：85-88.

［120］李忱，徐国艳. 最小作用量原理的美学思考[J]. 系统科学学报,2016,24(1)：13-18.

［121］GUO D，LI J N，CHANG L，et al. Measurement of the friction between single polystyrene nanospheres and silicon surface using atomic force microscopy［J］. Langmuir，2013,29(23)：6920-6925.

［122］MOKABERI B，REQUICHA A A G. Drift compensation for automatic nanomanipulation with scanning probe microscopes [J]. IEEE Transactions on Automation Science and Engineering, 2006, 3 (3): 199-207.

[123] YANG Q M, JAGANNATHAN S, BOHANNAN E W. Automatic drift compensation using phase correlation method for nanomanipulation[J]. IEEE Transactions on Nanotechnology, 2008, 7(2): 209-216.

[124] SEEGER A. Surface reconstruction from AFM and SEM images [D]. Amarican: North Carolina, 2004.

[125] KELLER D. Reconstruction of STM and AFM images distorted by finite-size tips[J]. Surface Science, 1991, 253(1/2/3): 353-364.

[126] DONGMO L S, VILLARRUBIA J S, JONES S N, et al. Experimental test of blind tip reconstruction for scanning probe microscopy[J]. Ultramicroscopy, 2000, 85(3): 141-153.

[127] KELLER D J, FRANKE F S. Envelope reconstruction of probe microscope images[J]. Surface Science, 1993, 294(3): 409-419.

[128] VILLARRUBIA J S. Morphological estimation of tip geometry for scanned probe microscopy[J]. Surface Science, 1994, 321(3): 287-300.

[129] VILLARRUBIA J S. Algorithms for scanned probe microscope image simulation, surface reconstruction, and tip estimation[J]. J Res Natl Inst Stand Technol, 1997, 102(4): 425-454. [PubMed]

[130] VILLARRUBIA J S. Strategy for faster blind reconstruction of tip geometry for scanned probe microscopy[C]//23rd Annual International Symposium on Microlithography. Proc SPIE 3332, Metrology, Inspection, and Process Control for Microlithography XII, Santa Clara, CA, USA. 1998, 3332: 10-18.

[131] ABDELHADY H G, ALLEN S, EBBENS S J, et al. Towards nanoscale metrology for biomolecular imaging by atomic force microscopy[J]. Nanotechnology, 2005, 16(6): 966-973.

[132] TRANCHIDA D, PICCAROLO S, DEBLIECK R C. Some experimental issues of AFM tip blind estimation: the effect of noise and resolution [J]. Measurement Science and Technology, 2006, 17(10): 2630-2636.

[133] SHIRAMINE K I, MUTO S, SHIBAYAMA T, et al. Tip artifact in atomic force microscopy observations of InAs quantum dots grown in Stranski – Krastanow mode[J]. Journal of Applied Physics, 2007, 101

(3):033527.

[134] ZENG Z G, ZHU G D, GUO Z, et al. A simple method for AFM tip characterization by polystyrene spheres[J]. Ultramicroscopy, 2008, 108 (9):975-980.

[135] 崔屹. 图象处理与分析——数学形态学方法及应用[M]. 北京:科学出版社, 2000.

[136] RAO A, GNECCO E, MARCHETTO D, et al. The analytical relations between particles and probe trajectories in atomic force microscope nanomanipulation[J]. Nanotechnology, 2009, 20(11):115706.

[137] YUAN S, LIU L Q, WANG Z D, et al. A probabilistic approach for on-line positioning in nano manipulations[C]//2010 8th World Congress on Intelligent Control and Automation. July 7-9, 2010, Jinan, China. IEEE, 2010:450-455.

[138] WANG Z D, HIRATA Y, KOSUGE K. Dynamic object closure by multiple mobile robots and random caging formation testing[C]//2006 IEEE/RSJ International Conference on Intelligent Robots and Systems. October 9-15, 2006, Beijing, China. IEEE, 2006:3675-3681.

[139] WANG Z D, MATSUMOTO H, HIRATA Y, et al. A path planning method for Dynamic Object Closure by using Random Caging Formation Testing[C]//2009 IEEE/RSJ International Conference on Intelligent Robots and Systems. October 10-15, 2009, St. Louis, MO, USA. IEEE, 2009:5923-5929.

[140] WAN W W, FUKUI R. Finger-position optimization by using caging qualities[J]. Signal Processing, 2016, 120:814-824.

[141] WAN W W, LU F, FUKUI R. Error-tolerant manipulation by caging [J]. Signal Processing, 2016, 120:721-730.

[142] 陈白帆, 蔡自兴, 袁成. 基于粒子群优化的移动机器人 SLAM 方法[J]. 机器人, 2009, 31(6):513-517.

[143] 张毅, 郑潇峰, 罗元, 等. 基于高斯分布重采样的 Rao-Blackwellized 粒子滤波 SLAM 算法[J]. 控制与决策, 2016, 31(12):2299-2304.